华为技术认证

HCIA-Transmission

学习指南

华为技术有限公司 主编

人民邮电出版社

北 京

图书在版编目（CIP）数据

HCIA-Transmission学习指南 / 华为技术有限公司主编. -- 北京 : 人民邮电出版社，2024.5
（华为ICT认证系列丛书）
ISBN 978-7-115-63507-5

Ⅰ. ①H… Ⅱ. ①华… Ⅲ. ①计算机网络—指南
Ⅳ. ①TP393-62

中国国家版本馆CIP数据核字（2024）第007504号

内 容 提 要

　　本书是华为 HCIA-Transmission 认证考试的官方指导用书，阐述了传送网所涉及的基本知识，其中包括传送网的概念，SDH 帧结构、复用、开销，波分复用，TDM，OTN，NMS 以及下一代传送网技术等，对传送网中使用的华为设备、工具仪表进行了说明，并列举了华为的应用方案。

　　本书适合正在准备考取华为 HCIA-Transmission 认证的人员、从事传送网相关工作的人员阅读，也可作为高等院校相关专业的师生的参考教材。

◆　主　　编　华为技术有限公司
　　责任编辑　李　静
　　责任印制　马振武
◆　人民邮电出版社出版发行　　北京市丰台区成寿寺路 11 号
　　邮编　100164　　电子邮件　315@ptpress.com.cn
　　网址　https://www.ptpress.com.cn
　　三河市君旺印务有限公司印刷
◆　开本：775×1092　1/16
　　印张：16　　　　　　　　　　2024 年 5 月第 1 版
　　字数：350 千字　　　　　　　2024 年 5 月河北第 1 次印刷

定价：109.80 元
读者服务热线：(010)53913866　印装质量热线：(010)81055316
反盗版热线：(010)81055315
广告经营许可证：京东市监广登字 20170147 号

编 委 会

序 言

乘"数"破浪 智驭未来

当前，数字化、智能化成为经济社会发展的关键驱动力，引领新一轮产业变革。以5G、云、AI为代表的数字技术，不断突破边界，实现跨越式发展，数字化、智能化的世界正在加速到来。

数字化的快速发展，带来了数字化人才需求的激增。《中国ICT人才生态白皮书》预计，到2025年，中国ICT人才缺口将超过2000万人。此外，社会急迫需要大批云计算、人工智能、大数据等领域的新兴技术人才；伴随技术融入场景，兼具ICT技能和行业知识的复合型人才将备受企业追捧。

在日新月异的数字化时代中，技能成为匹配人才与岗位的最基本元素，终身学习逐渐成为全民共识及职场人保持与社会同频共振的必要途径。联合国教科文组织发布的《教育2030行动框架》指出，全球教育需迈向全纳、公平、有质量的教育和终身学习。

如何为大众提供多元化、普适性的数字技术教程，形成方式更灵活、资源更丰富、学习更便捷的终身学习推进机制？如何提升全民的数字素养和ICT从业者的数字能力？这些已成为社会关注的重点。

作为全球ICT领域的领导者，华为积极构建良性的ICT人才生态，将多年来在ICT行业中积累的经验、技术、人才培养标准贡献出来，联合教育主管部门、高等院校、教育机构和合作伙伴等各方生态角色，通过建设人才联盟、融入人才标准、提升人才能力、传播人才价值，构建教师与学生人才生态、终身教育人才生态、行业从业者人才生态，加速数字化人才培养，持续推进数字包容，实现技术普惠，缩小数字鸿沟。

为满足公众终身学习、提升数字化技能的需求，华为推出了"华为职业认证"，这是围绕"云—管—端"协同的新ICT技术架构打造的覆盖ICT领域、符合ICT融合技术发展趋势的人才培养体系和认证标准。目前，华为职业认证内容已融入全国计算机等级考试。

教材是教学内容的主要载体、人才培养的重要保障，华为汇聚技术专家、高校教师、培训名师等，倾心打造"华为 ICT 认证系列丛书"，丛书内容匹配华为相关技术方向认证考试大纲，涵盖云、大数据、5G 等前沿技术方向；包含大量基于真实工作场景的行业案例和实操案例，注重动手能力和实际问题解决能力的培养，实操性强；巧妙串联各知识点，并按照由浅入深的顺序进行知识扩充，使读者思路清晰地掌握知识；配备丰富的学习资源，如 PPT 课件、练习题等，便于读者学习，巩固提升。

在丛书编写过程中，编委会成员、作者、出版社付出了大量心血和智慧，对此表示诚挚的敬意和感谢！

千里之行，始于足下，行胜于言，行而致远。让我们一起从"华为 ICT 认证系列丛书"出发，探索日新月异的 ICT 技术，乘"数"破浪，奔赴前景广阔的美好未来！

前　言

HCIA-Transmission V2.5 认证定位于培训与认证华为传送网初级工程师。

该认证涉及的内容包括但不限于：传送网络领域的基础知识，如传送网原理、网管、主流传送网产品、以太网原理及业务、NG WDM（下一代波分复用）设备组网与应用、传送网保护原理等内容。

本书作为华为 HCIA-Transmission 认证考试的指导用书，主要内容如下。

第 1 章为认识传送网系统，主要从传送网概念、演变过程、常用测试工具和华为应用方案几个部分进行说明。

第 2 章为 SDH 系统，主要从 SDH（同步数字体系）的基本概念和 2Mbit/s 业务测试工具出发，对 SDH 帧结构及其复用步骤、开销等方面进行说明。

第 3 章为波分系统，主要讲授波分复用的概念、协议和关键技术，以及华为波分复用设备的结构和功能参数。

第 4 章为传送网业务，主要对 TDM（时分复用）业务、PCM（脉冲编码调制）业务、OTN（光传送网络）业务和以太网业务进行阐述说明。

第 5 章为传送网保护，主要介绍 SDH、OTN 等技术的保护原理和保护配置。

第 6 章为 NMS，主要从 NCE-T 架构功能等方面进行介绍。

第 7 章为下一代传送网技术，讲述 MS-OTN（多业务光传送网络）和 NHP（原生硬管道）/OSU（光业务单元）技术。

第 8 章为时钟同步，主要介绍时钟同步的概念，并讲解 SDH 同步方式和 OTN 同步。

本书由华为技术有限公司联合柳州铁道职业技术学院的曹惠、李筱林老师主编而成，旨在帮助读者迅速掌握华为 HCIA-Transmission 认证考试所要求的知识和技能。

本书在编写时引用了相关教材及著作文献，在此，谨向有关作者、专家表示衷心感谢！

由于编者水平有限，疏漏之处在所难免，敬请读者、专家批评指正！

本书配套资源可通过扫描封底的"信通社区"二维码，回复数字"635075"获取。

关于华为认证的更多精彩内容，请扫码进入华为人才在线官网了解。

华为人才在线

目　录

第1章
认识传送网系统

本章主要内容

1.1 传送网概述

1.1.1 传送网的概念

何谓传送网？简单地说，传送网就是为了安全、可靠、大容量地传送信息而搭建的网络。

传送网的基本定义是为各类业务网提供业务信息传送的基础设施。

各类业务网包括数据网、固定电话网、移动通信网、宽带互联网、集团企业网、支撑网等。各类业务信息即我们上网访问的信息，用手机发的信息，看网络电视的相关信息等。这些信息通过相关业务节点的处理，再交汇送到传送网中，最终由传送网实现高质量、远距离的交互传递。这些业务节点可以是宽带交换机、程控电话交换机、基站等。

传送网主要由传输设备和传输介质组成。传输介质可以是光纤或者无线微波；传输设备在传送网中又被称为网元设备，网元即网络节点单元。由于目前传送网传送的是光信号，因此人们常常将传送网称为光传送网。

1.1.2 传送网的主要特征

传送网的主要特征可分为以下几个方面。

① 大容量：由于主要采用光纤作为传输介质，因此光传送网可传送的业务网带宽极大，目前已实现单纤 48Tbit/s 的传送容量。

② 长距离：光纤损耗低，传输距离长。采用相干光通信技术以及光放大技术，可实现长距离无电中继传输。光传送网可将全球各用户通信终端及通信设备连接起来，实现全球业务信息的互联互通。当然，如果近距离通信，比如距离相差不过百米的同楼层交换设备间，就没有必要使用这个"牛刀"——光传送网了。

③ 多业务接入：能接入多种业务，如各类专网业务或公网业务；视频、图像、语音、数据等业务，都可进行接入传送处理。

④ 安全可靠：具备多种保护能力，可提供设备级保护和网络级保护。设备保护倒换处理时间极短，可达毫秒级，且自动实现保护倒换，对业务信号的损伤小。

1.1.3 传送网在电信网中的网络层次

由图 1-1 可见，传送网位于电信网的底层，属于基础架构承载网络，承载着上层各种业务。它通过基础设施设备和传输介质将接入网、交换网、业务网、支撑网等联系起来。可以说，没有传送网，整个电信网将无法实现各种业务全球化的互联互通。

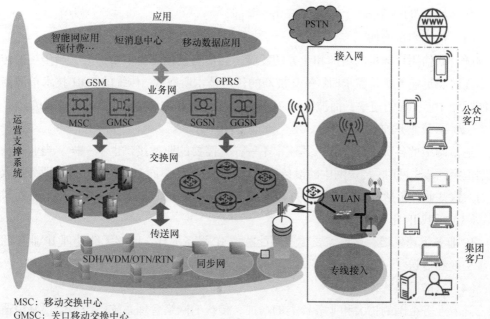

MSC：移动交换中心
GMSC：关口移动交换中心
SGSN：GPRS业务支持节点
GGSN：GPRS网关支持节点
PSTN：公用电话交换网
GSM：全球移动通信系统
GPRS：通用分组无线业务

图 1-1　传送网在电信网中的地位

1.2　传送技术演变历程

从 1966 年高锟博士提出光传输理论，到 T-SDN 技术的成熟实践，传送技术经历了以 PDH（准同步数字系列）、SDH、MSTP（多业务传送平台）、WDM（波分复用）、OTN、T-SDN（传送网 SDN）等技术为主要标志的几个重要历史阶段，如图 1-2 所示。

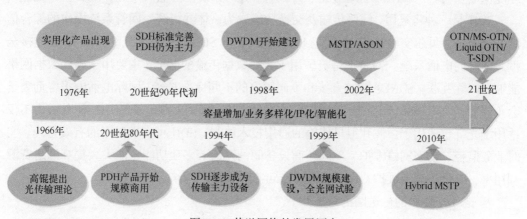

图 1-2　传送网络的发展历史

传送技术发展的特征主要有以下几个方面。

（1）传输容量增加

随着通信用户数量的增加和业务的发展，通信容量也需要不断扩大。当传统的传送技术无法满足业务容量需求时，就会被新的传送技术所取代。传统的 SDH 技术单波商用只能达到 10Gbit/s 的速率，而波分 OTN 技术单波速率在 2020 年已达到 800Gbit/s。

（2）承载业务种类多样化

通信网中的各种不同业务，其速率不一样，需要的业务接口也不一样。当业务从接入网汇聚到传送网时，传送网中的设备需要具备支持各种不同速率及不同格式业务接入的能力。这些业务包括但不限于传统的 PDH 业务、SDH 业务、以太网业务、分组业务等。

（3）承载 IP 化

IP 业务迅速发展，这就需要传送网能够像 IP 设备那样，能够无缝处理 IP 业务的接入、交换和传送。

（4）智能网络管理

随着业务范围的扩大和业务种类的增加，传统的网络管理系统已经不能很好地适应新型光网络的管理需求，这就要求网络能朝着快速部署、智能运维、适应性兼容性强、安全高效稳定的智能化光网络方向发展。

1.2.1　SDH 与 MSTP

1. SDH

20 世纪 80 年代规模商用的 PDH 是传送技术中的第一代技术。

PDH 的明显缺陷：只有地区性的电接口规范，没有世界性的标准；没有世界性标准的光接口规范；异步复用、信号复用/解复用逐级进行，增加了信号损伤率；用于 OAM（运营、管理和维护）的开销字节占比小；没有统一的网管接口。PDH 技术有 3 种标准，分别是欧洲体制标准、北美体制标准和日本体制标准。我国采用的是欧洲体制标准。光信号的码型、码率都不相同时，很难互通，只有通过光电变换将光接口转换为电接口后才能保证互通。这就增加了网络成本，影响了光纤系统的互联。由此，SDH 应运而生。

SDH 是一种将复用、线路传输及交换功能融为一体并由统一网管系统操作的综合信息传送网络。贝尔实验室在 20 世纪 80 年代开发出 SONET（同步光纤网络），以连接全世界不同的电话系统。SONET 是美国用于光纤数据传输的标准，主要用于确保数据网络能够在国际互联。SONET 能够直接和不同国家的不同标准兼容。国际电话电报咨询委员会（CCITT）于 1988 年接受了 SONET 的概念并在此基础上制定了 SDH，使其成为不仅适用于光纤也适用于微波和卫星传输的通用技术体制。SDH 可实现网络的有效管理、实时业务监控、动态网络维护、不同厂商设备间的互通等多项功能，能大大提高网络资源利用率，降低管理及维护费用，实现灵活可靠和高效的网络运行与维护。

基于 SDH 技术的传送网的特点如下。

① 接口方面：使 1.5Mbit/s 和 2Mbit/s 两大数字体系（3 个地区性标准）在 STM-1 等

级上获得统一。今后数字信号在跨越国界通信时，不再需要转换成另一种标准，第一次真正成为数字传输体制上的世界性标准。由于用一个光接口代替了大量的电接口，因此SDH 系统所传输的业务信息，可以不必经由常规准同步系统所具有的一些中间背靠背电接口而直接经光接口通过中间节点，省去了大量的相关电路单元和跳线光缆，使网络可用性和误码性能都获得改善。而且，电接口数量锐减，简化了运行操作任务及减少了备件种类和数量，因此运营成本可降低 20%～30%。

② 复用方面：采用了同步复用方式和灵活的复用映射结构。各种不同等级的码流在帧结构净负荷内的排列是有规律的，而净负荷与网络是同步的，因而只需利用软件即可使高速信号一次直接分插出低速支路信号，即所谓的一步复用特性。

③ 运营维护方面：SDH 帧结构中安排了丰富的开销比特，因而大大加强了网络的OAM 能力（诸如故障检测、区段定位、端到端性能监视等）。

④ 兼容性：SDH 具有完全的后向兼容性和前向兼容性。

⑤ 互联互通方面：SDH 信号结构的设计已经考虑了网络传输和交换应用的最佳性，因而在电信网的各个部分（长途、中继和接入网）中都能提供简单、经济和灵活的信号互联及管理，使得传统电信网各个部分的差别正在渐渐消失，彼此的直接互联变得十分简单和有效。此外，由于有了唯一的网络节点接口标准，因此各个厂商的产品可以直接互通，从而可以使电信网最终工作于多厂商产品环境并实现互操作。

上述特点中最核心的有 3 条，即同步复用、标准光接口和强大的网管能力。当然，SDH 也有它的不足之处。

① 频带的利用率不如传统的 PDH 系统。以 2.048Mbit/s 为例，根据信号速率等级结构可知，PDH 的 139.264Mbit/s 可以收容 64 个 2.048Mbit/s 系统，而 SDH 的 155.520Mbit/s 却只能收容 63 个 2.048Mbit/s 系统，频带利用率从 PDH 的 94% 下降到 83%；以 34.368Mbit/s 为例，PDH 的 139.264Mbit/s 可以收容 4 个系统，而 SDH 的 155.520Mbit/s 却只能收容 3 个系统，频带利用率从 PDH 的 99% 下降到 66%。当然，上述安排可以换来网络运营上的一些灵活性，但频带利用率的降低也是不争的事实。

② 采用指针调整机理增加了设备的复杂性。

③ 采用大量软件控制。这样，在网络层上的人为错误、软件故障，乃至计算机病毒的侵入可能导致网络产生重大故障，甚至造成全网瘫痪。为此，必须要仔细地测试软件，选用可靠性较高的网络拓扑。

2. MSTP

（1）MSTP 概述

MSTP 依托于 SDH 平台，可基于 SDH 多种线路速率，如 155Mbit/s、622Mbit/s、2.5Gbit/s和 10Gbit/s 等实现。一方面，MSTP 保留了 SDH 固有的交叉能力和传统的 PDH 业务接口与低速 SDH 业务接口，可继续满足 TDM 业务的需求；另一方面，MSTP 提供 ATM（异步传输模式）处理、以太网透传、以太网二层交换、RPR（弹性分组环）处理、MPLS处理等功能来满足对数据业务的汇聚、梳理和整合的需求。

MSTP 是 SDH 网络的扩展，是 SDH 网络的前向演进。MSTP 可以针对多种不同网络的业务接入与传送提供不同的解决方案，其中包括 PSTN、数据网、商业网、3G、DSLAM（数字用户线接入复用器）等。

MSTP 数据特性单板为宽带等数据业务提供了更强力的支持：更大的带宽、更强的网络适应性、更好的标准遵从性、更有效的 QoS（服务质量）保证。

MSTP 采用基于 TDM 的电路交换，给指定用户分配固定的带宽，能满足传统语音通信业务的要求。

MSTP 支持以太网等业务数据类单板，可以承载数据业务，但由于其内核仍然是基于 TDM 的电路交换，不能和其他业务共享，即使该用户无业务流量，仍然固定占用该带宽。

MSTP 不支持统计复用。统计复用是在物理设备传输容量下，根据数据量的多少动态分配带宽的一种模式。当带宽空闲时，其他业务可以使用该带宽。当业务超过配置带宽时，如果有剩余带宽，则传输额外数据；如果无剩余带宽，则丢弃数据。根据各种业务的统计特性，我们需要在保证业务质量要求的前提下，在各业务间动态地分配网络资源，以达到最佳的资源利用效果。

（2）H-MSTP 概述

华为的 H-MSTP（Hybird MSTP）同时具备 MSTP 及 PTN（分组传送网）的架构，通过灵活的配置可满足不同时期的网络需求。

H-MSTP 完全保留了 MSTP 中有关传统 TDM 业务的传送方式，可以兼容现网 MSTP。它具备 PTN 的分组架构，可提供高可靠、灵活扩展的传送平台。以太网业务在 TDM 和分组双域之间的任意互通，使业务无须落地，在设备内部即可完成 MSTP 业务和分组业务的转换，并支持业务的端到端管理、保护，从而实现与 MSTP 网络的融合。

H-MSTP 网络提供 3 种工作模式：TDM 模式、纯分组模式（PTN）、混合模式（TDM+分组双平面）。TDM 模式通过 SDH 网络传输 TDM、以太网、IP、ATM 等业务，固定带宽分配及可靠的网络保护可保证业务传输质量；纯分组模式为 ALL-IP 业务的转型，提供端到端的分组业务；混合模式为双平面组网形式，可实现传统 TDM 模式上的 SDH 业务和分组模式上的以太网业务的独立传送。

1.2.2 WDM 与 OTN

1. WDM

在模拟载波通信系统中，为了充分利用电缆的带宽资源，提高系统的传输容量，通常利用频分复用的方法，即在同一根电缆中同时传输若干个信道的信号，接收端根据各载波频率的不同，利用带通滤波器滤出每一个信道的信号。同样，在光纤通信系统中也可以采用光频分复用的方法来提高系统的传输容量，在接收端采用解复用器（等效于光带通滤波器）将各信号光载波分开。由于在光域上信号频率差别比较大，人们更喜欢采用波长来定义频率上的差别，因而这样的复用方法被称为波分复用（WDM）。

WDM 是一种把不同波长的光信号复用到同一根光纤中传送的技术，其原理如图 1-3 所示。

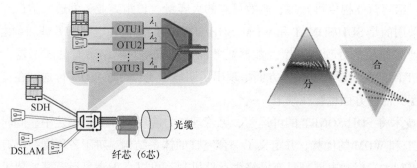

图 1-3　WDM 原理

WDM 技术在网络中的广泛应用，不仅在某种程度上解决了带宽不足的问题，而且使单根光纤中复用的多路段波长可共享同一个放大器，从而节约了设备成本。随着技术的不断进步，在光层执行高级的联网功能已迫在眉睫。由于节点业务流量不断增长，因此在光层提供路由功能具有无可比拟的优势。

波分复用技术的特点如下。

① 超大容量、超长距离传输。光纤的巨大带宽资源，可以使一根光纤的传输容量达到单波长传输容量的几倍至几十倍。另外，对于早期安装的芯数不多的光缆，利用波分复用技术，可以不必对原有系统做较大的改动即可方便地扩容。

② "透明"传输数据。波分复用传输通道对数据格式是透明的，即与信号速率及电调制方式无关。一个 WDM 系统可能承载多种格式的"业务"信号，如 ATM、IP 或者将来有可能出现的信号。WDM 系统完成的是透明传输，对于"业务"层信号来说，WDM 的每个波长就像"虚拟"的光纤一样。

③ 系统升级时能最大限度地保护已有投资。在网络扩充和发展中，WDM 是理想的扩容手段，也是引入宽带新业务（例如 CATV、HDTV 和宽带 IP 等）的方便手段，只需增加一个附加波长即可引入任意的新业务或新容量。

④ 高度的组网灵活性、经济性和可靠性。利用 WDM 技术选路来实现网络交换和恢复，可实现透明的、具有高度生存性的光网络。在国家骨干网的传输系统中，EDFA（掺铒光纤放大器）的应用可以大大减少长途干线系统 SDH 中继器的数目，从而减少成本。距离越长，节约的成本就越多。

因此，过去无论 PDH 的 34Mbit/s、140Mbit/s、565Mbit/s，还是 SDH 的 155Mbit/s、622Mbit/s、2.5Gbit/s、10Gbit/s，扩容升级方法都是采用光电变换和透明传输，对信号在光域上没有任何处理措施（甚至于放大）。WDM 技术的应用第一次把复用方式从电信号转移到光信号，在光域上用波分复用（即频率复用）的方式提高传输速率，光信号实现了直接复用和放大，而不再回到电信号上处理，并且各个波长彼此独立，对传输的数据格式透明。因此，从某种意义上讲，WDM 技术的应用标志着通信时代的"真正"到来。

2. OTN

OTN 是一种全新的传送网络体制，其概念是在 20 世纪末光通信大发展的背景下提出的。为了给运营商提供可管理、高效可靠的大容量、长距离业务的透明传送，传统的传送网中采用的是 SDH/SONET 和 WDM，SDH/SONET 偏重业务电层的处理和调度，WDM则专注于业务光层的处理和调度。数据业务的大量应用对网络带宽的需求越来越大，SDH/SONET 网络在大颗粒的调度方面呈现出了明显不足，同时 WDM 传送网在可维护性和业务调度灵活性方面也存在缺陷。

OTN 技术将 SDH/SONET 的可运营、可管理能力应用到 WDM 系统中，同时具备了SDH/SONET 和 WDM 的优势，并定义了一套完整的体系结构，对于各层网络都有相应的管理监控机制，光层和电层都具有网络生存性机制，可以真正满足运营商所要求的电信级需求。

OTN 技术体制已有相应的标准体系支撑，G.709、G.805、G.806、G.872、G.798、G.709、G.874 等标准定义了 OTN 的相关内容。

OTN 设备单个波长可支持 40Gbit/s、100Gbit/s 甚至更高的传输速率，可实现大容量传输，更适应 IP 网络大颗粒化的发展趋势。

OTN 设备支持支、线路分离的业务接入，提高了业务接入的灵活性，支持多业务，如 SDH、以太网、IP/MPLS（多协议标签交换）和 SAN（存储区域网）业务等接入能力。

OTN 有自己特有的帧结构，有丰富的开销字节，可以像 SDH 那样对信号在传输过程中进行管理和维护。

与传统的 WDM 和 SDH 技术相比，OTN 具备的特点：WDM 的大带宽传送能力；SDH的灵活组网能力；可加载 ASON 智能特性，升级为智能光网络；提供灵活的组网方式，可构成多环、网格形和星形等城域网经常需要的组网模式。

3. MS-OTN

MS-OTN 融合了 OTN、TDM 和 PKT（分组）3 个平面的技术，使 L0、L1、L2 协同工作，可完全满足带宽、品质与成本方面的综合要求。简单来说，MS-OTN 有四大特点。

① 多业务接入：能够接入任意速率的任意业务（如 SDH、SONET、PDH、ETH、FC、SDI、PON、SAN）。

② 统一交叉：融合 L0+L1+L2 技术，可提供基于 λ、PKT、ODU（光通道数据单元）和 VC（虚信道）的统一交叉调度。

③ 统一传送：各种业务可映射到最匹配的管道中，任意汇聚到大容量波长中统一传送。

④ 统一维护：统一的网络管理系统，对 L0、L1、L2 实现统一的可视化运维。

1.2.3　ASON 与 T-SDN

1. ASON 的概念

ASON（自动交换光网络），也叫智能光网络。ASON 是由用户动态发起业务请求，自动选路，并由信令控制实现连接的建立、拆除，能自动、动态完成网络连接，融交换、传送为一体的新一代光网络。ASON 中引入了信令。信令传递组成的平面称为控制平面。在 ASON 中，信令可以进行网络连接管理，也可以简化网络运维管理。

ASON 主要由 Mesh 网络组网，安全可靠性高。由于冗余度大大增加，因此可以配置多种保护策略；由于信令的引入，因此支持恢复及重路由机制，提高了可靠性。

2. ASON 的体系结构

ASON 的体系结构如图 1-4 所示。

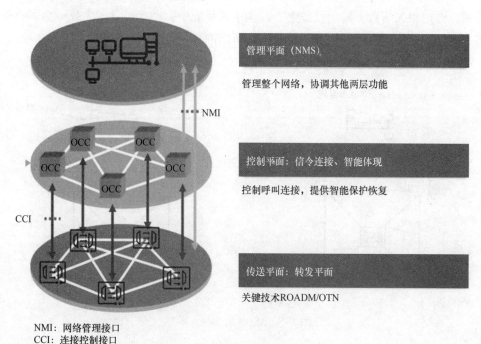

NMI：网络管理接口
CCI：连接控制接口
ROADM：可重构光分插复用器

图 1-4　ASON 的体系结构

管理平面：实现传送平面、控制平面和整个系统的维护功能，如端到端业务管理、性能管理、故障管理、配置管理和安全管理等。

控制平面：由一组通信实体组成，通过信令协议完成连接的建立、释放、检测和维护，并在发生故障时自动恢复连接。控制平面中的路由协议为 OSPF（开放最短路径优先），主要实现拓扑自动发现功能，为业务路由计算提供基础数据。

传送平面：实现光信号的传输、复用、配置保护倒换和交叉连接等功能，并确保所传光信号的可靠性。

控制平面是智能光网络体系与传统光网络体系的最大区别，ASON 具有高可靠性、简化运维管理、根据用户需要提供不同 SLA（服务等级协定）新业务等优势。

3. ASON 部署方案

分布式智能系统：在每台设备上增加智能模块，由设备实现智能控制，而网管不参与智能控制。分布式系统的网络较集中式系统更加安全可靠，任何一台设备出现故障只会影响自身的智能控制，其他设备仍可正常工作。智能软件独立于单板软件、主机软件和网管软件，智能软件和主机软件驻留在主控板上运行，单板软件和网管软件分别驻留在各单板和网管计算机上运行，完成相应的功能。OptiX OSN 系列产品的软件都采用这种结构。这些产品的非智能版本可以通过加载新的非主机软件，从而升级为智能版本。

集中式智能系统：设备仍为传统设备，智能模块集中在网管系统上，由网管实现智能控制，再把相关信息下发到设备上。在集中式系统中，网管一旦发生故障会影响整个网络。因为智能控制全部集中在网管系统，所以网管系统复杂，网络可靠性差。

ASON 的部署方案如图 1-5 所示。

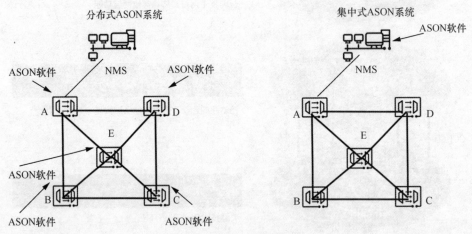

图 1-5　ASON 的部署方案

4. T-SDN

SDN 是软件定义的网络，T-SDN 即为传送域的 SDN。SDN 的目标是让设备的控制层和转发层分离，让网络开放、可编程、虚拟化和自动化。控制功能从传送设备中剥离，集中在 SDN 控制器（ASON 是分布式部署）。SDN 控制器提供 API（应用程序接口）给应用平面，使得网络开放、可编程。不仅是传送网的设备，路由器、接入网也同样可实现转控分离。另外，还可以引入虚拟化及云计算技术，让 SDN 控制器部署在云平台上。

SDN 的主要特征为：北向开放、转控分离、集中控制。

北向接口：SDN 控制器与应用层之间的接口，与之对应的是南向接口。南向接口即 SDN 控制器与设备之间的接口。

5. T-SDN 与 ASON 的联系

T-SDN 控制全网，感知整个传送网络的资源、业务、管道。ASON 控制是分布到各单个网元的，ASON 的一个网元虽然能感知到全网的链路资源，但能控制的管道是单网元级的。ASON 聚焦单域单厂商，T-SDN 除了支持单域单厂商外，还支持多域多厂商。

T-SDN 增加了 SDN 控制器，可集中控制，并且对上层应用提供开放的北向接口。
T-SDN 与 ASON 的联系如图 1-6 所示。

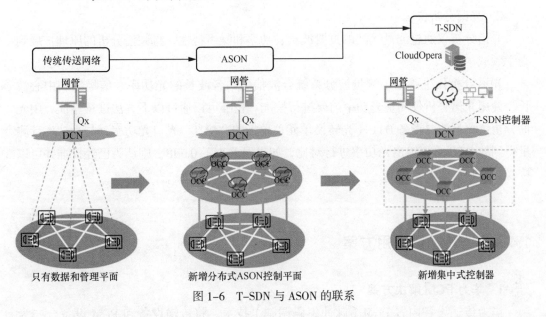

图 1-6　T-SDN 与 ASON 的联系

1.3　光传送常用测试工具

1. 光功率计

光功率计是指用于测量绝对光功率或通过一段光纤的光功率相对损耗的仪器。
图 1-7 为 NF-906A 型光功率计。

图 1-7　NF-906A 型光功率计

NF-906A 型光功率计是一款多功能新型光功率测试仪表，该系列光功率计功耗低、
体积小、重量轻、便于携带，可广泛应用于单模/多模 LAN（局域网）、FDDI（光线分布
式数据接口）、WAN（广域网）、FTTH（光纤到户）、CATV（有线电视）等的施工、维

修、监测，既可用于光功率的直接测量，也可用于光链路损耗的相对测量，还可用于光信号监测等。

2．光谱分析仪

光谱分析仪通过测量光波的重要波长、功率和噪声特性，将频谱分析的原理扩展到光学领域。

光谱分析仪主要用于测量波分系统合波信号中各波长的光功率、信噪比和中心波长。使用光谱分析仪测量光功率前要进行校准。校准可以通过以下方法进行验证：用光谱分析仪测试波分设备 OTU（光转换单元）单板的"OUT"光口光功率，与光功率计测量得到的 OTU 单板输出光功率进行对比，如果误差小于 0.5dB，则认为已经校准并可以接受，否则需要重新校准。

1.4　华为传送网应用方案

1．华为 PCM 解决方案

华为传输设备内置 PCM（脉冲编码调制）技术，将传输设备和 PCM 设备合二为一。PCM 设备嵌入传输设备中作为 PCM 板卡，直接接入客户侧业务，实现了各类低速 PCM 业务的统一接入，减少了设备堆叠，节省了机房空间，减少了投资，提高了网络的可靠性。

2．大型铁路枢纽城域网建设方案

该方案中拥有 10Gbit/s / 100Gbit/s × 96（扩展 C 波段，96 波）超大容量，可满足高清视频等大带宽需求；OTN 光层电层保护、ASON 等多种保护技术，满足各种业务安全可靠的需求；智能光管、光纤管理维护系统，满足网络运维便捷的需求；领先的架构设计，面向未来，适应铁路业务变化。大型铁路枢纽城域网建设方案如图 1-8 所示。

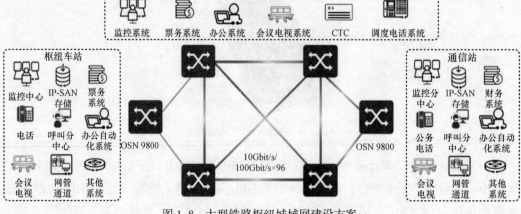

图 1-8　大型铁路枢纽城域网建设方案

3．大型数据中心建设方案

在该方案中，华为 OTN 设备可提供丰富的业务接口，如图 1-9 所示。

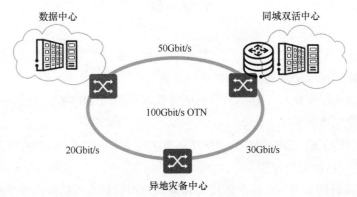

图 1-9　大型数据中心建设方案

同城双活中心：实现超大带宽同城数据中心互联，实时备份，提升业务连续性。当主数据中心发生故障时，业务可快速切换到同城双活中心。

异地备灾中心：实现在地震等地质灾害发生时的数据备份，备份距离跨越地质灾害半径，与同城备份中心采用相同产品平台，简化管理。

双活中心的 I/O 操作对时延要求非常高。比如，主机在向存储设备写入数据时，会等数据及同城双活中心都反馈写成功，才会执行下一步操作。

4．带宽租赁解决方案

目前带宽租赁需求多样，一般高价值客户信任硬管道。尽管 GE/10GE 等更大容量的管道成为租赁首选，但是传统的 STM-1、E1 等低速租赁专线仍长期存在。

针对需求的变化，华为提出的解决方案：弹性的租赁方案和安全加密方案。弹性的租赁方案：提供 ODU 大颗粒租赁方案；提供 VC 颗粒，满足低速专线需求；提供 LSP（标签交换路径）等分组租赁，降低客户成本。安全加密方案（即提供 AES256 加密）可满足带宽租赁安全。带宽租赁解决方案如图 1-10 所示。

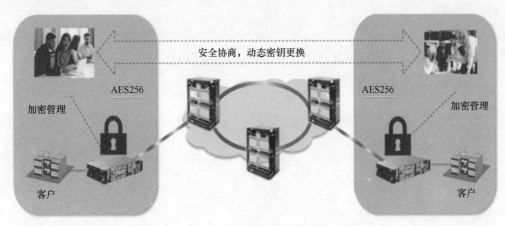

图 1-10　带宽租赁解决方案

本章小结

本章介绍了传送网概念、传送技术的演变历程、常用测试工具光功率计和光谱分析仪，以及华为传送网应用方案。

传送网就是为了安全、可靠、大容量地传送信息而搭建的网络。传送网主要由传输设备和传输介质组成。

传送技术经历了以 PDH、SDH、MSTP、WDM、OTN、T-SDN 等技术为主要标志的几个重要历史阶段。

SDH 技术具有同步复用、标准光接口和强大的网管能力等特点。MSTP 是 SDH 网络的延伸，可针对多种不同网络的业务接入与传送提供不同的解决方案。WDM 技术的应用第一次把复用方式从电信号转移到光信号，在光域上用波分复用（即频率复用）的方式提高了传输速率。OTN 技术将 SDH/SONET 的可运营、可管理的能力应用到 WDM 系统中，同时具备了 SDH/SONET 和 WDM 的优势，并定义了一套完整的体系结构。ASON 中可以由信令来进行网络连接管理，也可以由信令来简化网络运维管理。T-SDN 是在 ASON 基础之上，增加了 SDN 控制器。

华为针对各类不同场合及应用场景提供了各种相应的光传送网解决方案。

第 2 章
SDH 系统

本章主要内容

　　SDH 是一整套可进行同步数字传输、复用和交叉连接的标准化数字信号的等级结构。采用 SDH 技术的设备组成的网络为 SDH 网络，SDH 网络是传送网的重要组成部分。那么，SDH 技术的工作原理是什么？SDH 设备是如何传输数据的呢？下面一一讲解。

2.1　SDH 的概念

2.1.1　SDH 网络的应用场景

　　SDH 在铁路移动通信系统（GSM-R）的应用如图 2-1 所示。

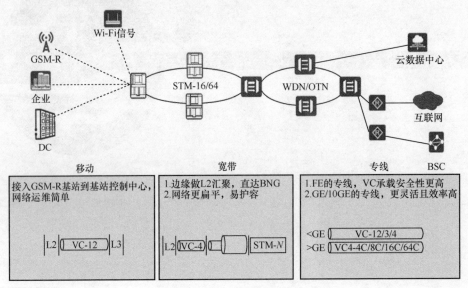

DC：数据中心
GSM-R：铁路移动通信系统
BSC：基站控制器
BNG：宽带网络网关

图 2-1　SDH 在铁路移动通信系统（GSM-R）的应用

2.1.2　SDH 产生的技术背景

　　传统的由 PDH 传输体制组建的传送网，由于其复用的方式不能满足信号大容量传输的要求，同时 PDH 体制的地区性规范也给网络互联增加了难度，因此在通信网向大容量、标准化发展的今天，PDH 的传输体制已经愈来愈成为现代通信网的瓶颈，制约了传送网向更高的速率发展。

　　传统的 PDH 传输体制的缺陷体现在以下几个方面。

　　（1）接口

　　① 只有地区性的电接口规范，没有世界性标准。现有的 PDH 数字信号序列有 3 种

信号速率等级：欧洲系列、北美系列和日本系列。各种信号系列的电接口速率等级、信号的帧结构以及复用方式均不相同，这种局面造成了国际互通的困难，不适应当前随时随地便捷通信的发展趋势。3 种信号系列的电接口速率等级如图 2-2 所示。

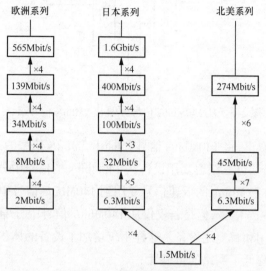

图 2-2　电接口速率等级

② 没有世界性标准的光接口规范。为了完成设备对光路上的传输性能进行监控，各厂商各自采用自行开发的线路码型，典型的例子是采用 mBnB 码。其中 mB 为信息码，nB 是冗余码，冗余码的作用是实现设备对线路传输性能的监控。冗余码的接入使同一速率等级上光接口的信号速率大于电接口的标准信号速率，不仅增加了发光器的光功率代价，而且各厂商在进行线路编码时，为实现不同的线路监控功能，会在信息码后加上不同的冗余码，这导致不同厂商同一速率等级的光接口码型和速率也不一样，致使不同厂商的设备无法实现横向兼容。这样，在同一传输路线两端必须采用同一厂商的设备，给组网、管理及网络互通带来困难。

（2）复用方式

现在的 PDH 体制中，只有 1.5Mbit/s 和 2Mbit/s 速率的信号（包括日本系列 6.3Mbit/s 速率的信号）是同步的，其他速率的信号都是异步的，需要通过码速的调整来匹配和容纳时钟的差异。由于 PDH 采用异步复用方式，那么就导致低速信号复用到高速信号时，其在高速信号的帧结构中的位置没有规律性和固定性，也就是说，高速信号中不能确认低速信号的位置。这一点正是能否从高速信号中直接分/插出低速信号的关键所在。既然 PDH 采用异步复用方式，那么从 PDH 的高速信号中就不能直接分/插出低速信号，例如，不能从 140Mbit/s 的信号中直接分/插出 2Mbit/s 的信号，因为这会引起以下两个问题。

① 从高速信号中分/插出低速信号要一级一级地进行。例如从 140Mbit/s 的信号中分/插出 2Mbit/s 低速信号要经过如图 2-3 所示的过程。

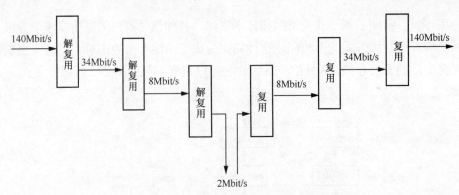

图 2-3　从 140Mbit/s 信号分/插出 2Mbit/s 信号示意

　　从图 2-3 中可以看出,将 140Mbit/s 信号分/插出 2Mbit/s 信号的过程使用了大量的"背靠背"设备。该过程是通过三级解复用设备从 140Mbit/s 的信号中分出 2Mbit/s 低速信号;再通过三级复用设备将 2Mbit/s 的低速信号复用到 140Mbit/s 信号中。一个 140Mbit/s 信号可解复用出 64 个 2Mbit/s 信号,但是若仅仅从 140Mbit/s 信号中分/插一个 2Mbit/s 的信号,也需要全套的三级复用和解复用设备。这样不仅增加了设备的体积、成本、功耗,还增加了设备的复杂性,降低了网络的可靠性。

　　② 低速信号分/插到高速信号要通过层层的复用和解复用过程,这样就会使信号在复用/解复用过程中产生的损伤加大,使传输性能劣化,在大容量传输时,此种缺点是不能容忍的。这也就是 PDH 体制传输信号的速率没有更进一步提高的原因。

　　(3)运行维护

　　PDH 信号帧结构中用于 OAM 的开销字节不多,不利于传送网的分层管理、性能监控、业务的实时调度、传输带宽的控制、告警的分析定位。

　　(4)没有统一的网管接口

　　由于没有统一的网管接口,这就需要买一套某厂商的设备和一套该厂商的网管系统。这样,容易形成网络的七国八制的局面,不利于形成统一的电信管理网。

2.1.3　SDH 的特点

　　下面,我们从以下几个方面讲讲 SDH 所具有的优势(可以算是 SDH 的特点)。

1. 接口

　　具有全世界统一的帧结构标准。SDH 把北美和欧洲流行的两种 PDH 数字传输体制融合在统一的标准中,即在 STM-1 等级上得到统一,第一次实现了数字传输体制上的世界性标准。PDH 速率等级标准见表 2-1。

表 2-1　PDH 速率等级标准

标准系列	一次群	二次群	三次群	四次群
北美	24 路 1.544Mbit/s	96 路(24×4) 6.312Mbit/s	576 路(96×6) 44.736Mbit/s	4032 路(672×6) 274.176Mbit/s

续表

标准系列	一次群	二次群	三次群	四次群
日本	24 路 1.544Mbit/s	96 路（24×4） 6.312Mbit/s	480 路（96×5） 32.064Mbit/s	1440 路（480×3） 97.782Mbit/s
欧洲	30 路 2.048Mbit/s	120 路（30×4） 8.448Mbit/s	480 路（120×4） 34.368Mbit/s	1920 路（480×4） 139.264Mbit/s

　　线路接口（这里指光口）采用世界性统一标准规范，SDH 信号的线路编码仅对信号进行扰码，不再进行冗余码的插入。

　　为什么会这样？扰码的标准是世界统一的，这样对端设备仅需通过标准的解码器就可与不同厂商的 SDH 设备进行光口互连。扰码的目的是抑制线路码中的长连"0"和长连"1"，便于从线路信号中提取时钟信号。由于线路信号仅通过扰码，因此 SDH 的线路信号速率与 SDH 电口标准信号速率相一致，这样就不会增加发端激光器的光功率代价。

2. 复用方式

　　由于低速 SDH 信号以字节间插方式复用进高速 SDH 信号的帧结构中，因此低速 SDH 信号在高速 SDH 信号的帧中的位置是固定的、有规律的，也就是说是可预见的。这样就能从高速 SDH 信号[例如 2.5Gbit/s（STM-16）信号]中直接分/插出低速 SDH 信号[例如 155Mbit/s（STM-1）信号]，从而简化了信号的复接和分接，使 SDH 体制特别适合于高速大容量的光纤通信系统。

　　另外，由于采用了同步复用方式和灵活的映射结构，因此可将 PDH 低速支路信号（例如 2Mbit/s 信号）复用进 SDH 信号的帧中去（STM-N），这样使低速支路信号在 STM-N 帧中的位置也是可预见的，从而可以从 STM-N 信号中直接分/插出低速支路信号。注意此处不同于前面所说的从高速 SDH 信号中直接分/插出低速 SDH 信号，此处是指从 SDH 信号中直接分/插出低速支路信号，例如 2Mbit/s、34Mbit/s 与 140Mbit/s 等低速信号，从而节省了大量的复接/分接设备（背靠背设备），提高了可靠性，减少了信号损伤、设备成本，降低了功耗等，使业务的上、下线更加简便。

　　SDH 的这种复用方式使数字交叉连接（DXC）功能更易于实现，使网络具有了很强的自愈功能，便于用户按需动态组网，实现灵活的业务调配。

3. 运行维护

　　SDH 信号的帧结构中有丰富的用于 OAM 功能的开销字节，使网络的监控功能大大加强，也就是说维护的自动化程度大大加强。PDH 的信号中开销字节不多，以导致在对线路进行性能监控时，还要通过在线路编码时加入冗余比特来完成。以 PCM30/PCM32 信号为例，其帧结构中仅有 TS0 时隙和 TS16 时隙中的比特是用于 OAM 功能的。

　　SDH 信号丰富的开销占用整个帧所有比特的 1/20，大大加强了 OAM 功能。这也是 SDH 系统线路编码不用加冗余码的原因。这样就大大降低了系统的维护费用。而在通信设备的综合成本中，维护费用占相当大的一部分，于是 SDH 系统的综合成本要比 PDH 系统的综合成本低，据估算仅为 PDH 系统的 65.8%。

4. 兼容性

SDH 有很强的兼容性，这也就意味着当组建 SDH 传送网时，原有的 PDH 传送网不会作废，两种传送网可以共同存在。也就是说，可以用 SDH 网传送 PDH 业务，ATM 信号、FDDI 信号等其他体制的信号也可用 SDH 网来传送。

那么 SDH 传送网是怎样实现这种兼容性的呢？SDH 网中用 SDH 信号的基本传输模块（STM-1）可以容纳 PDH 的 3 个数字信号系列和其他的各种体制的数字信号系列，如 ATM、FDDI、DQDB（分布式队列双总线）等，从而体现了 SDH 的前向兼容性和后向兼容性，确保了 PDH 向 SDH 的顺利过渡。SDH 是怎样容纳各种体制的信号呢？很简单，SDH 把各种体制的低速信号在网络边界处（如 SDH/PDH 起点）复用进 STM-1 信号的帧结构中，在网络边界处（终点）再将它们拆分出来即可，这样就可以在 SDH 传送网上传输各种体制的数字信号了。

2.2　SDH 帧结构和复用方法

2.2.1　SDH 帧结构

以字节（8bit）为单位的矩形块状帧，帧频 8000 帧/秒，帧周期 125μs，先行后列传送。

STM-N 帧结构如图 2-4 所示。

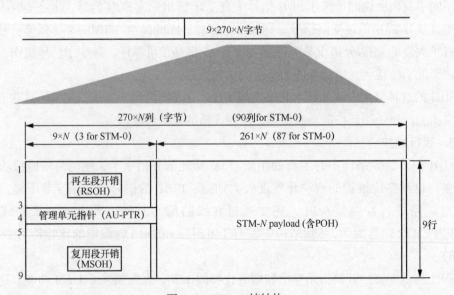

图 2-4　STM-N 帧结构

1. 信息净负荷区（Payload）

STM-*N* 帧结构中放置各种业务信息。

为了实时监测各种业务信息（低速信号）在传输过程中是否有损坏，通道开销（POH）作为净负荷的一部分与信息码块一起装载在 STM-*N* Payload 上在 SDH 网络中传送，负责对低速信号进行通道性能监视、管理和控制。2Mbit/s/34Mbit/s/140Mbit/s 等 PDH 信号、ATM 信号、IP 信息包等打包成信息包后，放于其中，然后由 STM-*N* 信号承载，在 SDH 网络中传输。若将 STM-*N* 信号帧比作一辆货车，其净负荷区即为该货车的车厢。

在将低速信号打包装箱时，在每一个信息包中加入 POH，以完成对每一个"货物包"在"运输"中的监视。

2. 段开销（SOH）

为了保证信息净负荷正常、灵活传送所必须附加的供网络运行、管理和维护使用的字节，完成对 STM-*N* 整体信号流的监控，需对 STM-*N* "车厢"中所有的"货物包"进行整体上的性能监控。

再生段开销（RSOH）：对 STM-*N* 整体信息结构进行监控。

复用段开销（MSOH）：对 STM-*N* 中的复用段信息结构进行监控。 RSOH、MSOH、POH 组成 SDH 层层细化的监控体制。

3. 管理单元指针（AU-PTR）

定位低速信号在 STM-*N* 帧中（净负荷）的位置，使低速信号在高速信号中的位置可预知。

发端在将信息包装入 STM-*N* 净负荷时，加入 AU-PTR，指示信息包在净负荷中的位置，即对装入"车厢"的"货物包"，赋予一个位置坐标值。

收端根据 AU-PTR，从 STM-*N* 帧净负荷中直接拆分出所需的低速支路信号，即依据"货物包"位置坐标，从"车厢"中直接拆分出所需要的那一个"货物包"。

由于"车厢"中的"货物包"采用的是以一定的规律摆放的字节间插复用方式，因此对货物包的定位仅需定位"车厢"中的第一个"货物包"即可。

4. 支路单元指针（TU-PTR）

若复用的低速信号速率较低，即打包后信息包太小，如为 2Mbit/s、34Mbit/s，需进行二级指针定位，先将小信息包打包成中信息包，通过 TU-PTR 定位其在中信息包中的位置，然后将若干中信息包打包成大信息包，通过 AU-PTR 指示相应中信息包的位置。

2.2.2　SDH 的复用结构和步骤

SDH 的复用包括两种情况：一种是低阶 SDH 信号以字节间插同步复用方式复用成高阶 SDH 信号；另一种是 PDH 信号通过同步复用和灵活的映射形成 STM-*N*。

第一种情况在前面已有所提及，复用主要是通过字节间插复用方式来完成的。什么是字节间插复用方式呢？我们以一个例子来说明。有 3 个信号，帧结构各为每帧 3 个字节，如图 2-5 所示。

A			B			C		
A1	A2	A3	B1	B2	B3	C1	C2	C3

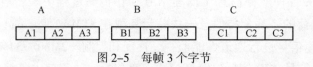

图 2-5　每帧 3 个字节

若将这 3 个信号通过字节间插复用方式复用成信号 D，那 D 就应该是这样一种帧结构：帧中有 9 个字节，且这 9 个字节的排放次序如图 2-6 所示。

A1	B1	C1	A2	B2	C2	A3	B3	C3

图 2-6　帧中 9 个字节排放次序

第二种情况用得最多的就是将 PDH 信号复用进 STM-*N* 信号中去。ITU-T 规定了一整套完整的复用结构（也就是复用路线），如图 2-7 所示。

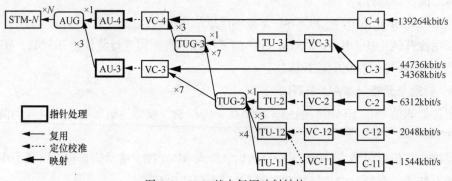

图 2-7　SDH 基本复用映射结构

1. 140Mbit/s 信号复用步骤

140Mbit/s 信号复用步骤如图 2-8 所示。

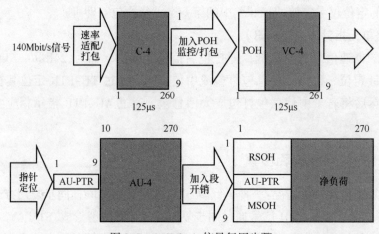

图 2-8　140Mbit/s 信号复用步骤

C-4：容器 4，与 140Mbit/s 信号相对应的标准信息结构，完成速率适配功能。

VC-4：虚容器 4，与 C-4 相对应的标准信息结构，完成对装载的 140Mbit/s 信号的实时性能监控。

AU-4：管理单元 4，与 VC-4 相对应的信息结构。

复用路线：140Mbit/s→C-4→VC-4→AU-4→STM-1，所以 STM-1 仅能装入一路 140Mbit/s 信号。

2. 34Mbit/s 信号复用步骤

34Mbit/s 信号复用步骤如图 2-9 所示。

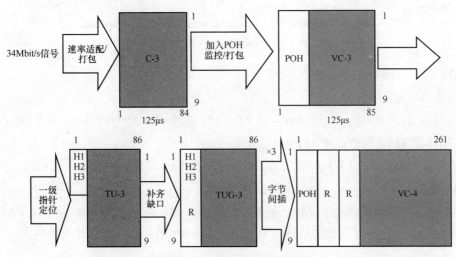

图 2-9　34Mbit/s 信号复用步骤

C-3：容器 3，与 34Mbit/s 信号相对应的标准信息结构，完成速率适配功能。

VC-3：虚容器 3，与 C-3 相对应的标准信息结构，完成对装载的 34Mbit/s 信号的实时性能监控。

TU-3：支路单元 3，与 VC-3 相对应的标准信息结构，完成一级指针定位。

TUG-3：支路单元组 3，与 TU-3 相对应的标准信息结构。

复用路线：34Mbit/s→C-3→VC-3→TU-3→TUG-3；3 个 TUG-3→VC-4→STM-1，所以 STM-1 仅能装入 3 路 34Mbit/s 信号。

3. 2Mbit/s 信号复用步骤

2Mbit/s 信号复用步骤如图 2-10 所示。

C-12：容器 12，与 2Mbit/s 信号相对应的标准信息结构，完成 2Mbit/s 信号的速率适配，4 个基帧组成一个复帧。

VC-12：虚容器 12，与 2Mbit/s 相对应的标准信息结构，完成对某路 2Mbit/s 信号的实时监控。

TU-12：支路单元 12，与 VC-12 相对应的标准信息结构，完成对 VC-12 的一级指针定位。

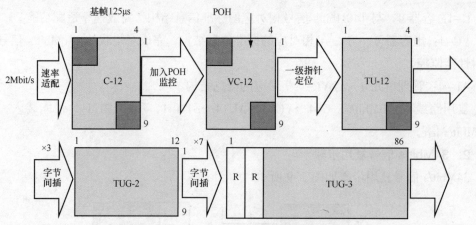

图 2-10 2Mbit/s 信号复用步骤

TUG-2：支路单元组 2。

TUG-3：支路单元组 3。

复用路线：2Mbit/s→C-12→VC-12→TU-12；3 个 TU-12→TUG-2；7 个 TUG-2→TUG-3；3 个 TUG-3→VC-4→STM-1。

STM-1 可装入 $3 \times 7 \times 3 = 63$ 个 2Mbit/s 信号。2Mbit/s 复用结构是 3-7-3 结构。

4. 复帧

4 个 C-12 基帧组成一个复帧。基帧、复帧装入的是同一路 2Mbit/s 信号。基帧装入 2Mbit/s 信号的 125μs 时间段的信息；复帧装入 2Mbit/s 信号的 500μs 时间段的信息。

2.3 开销和指针

2.3.1 开销

前面讲过，开销用于对 SDH 信号提供层层细化的监控管理。监控的分类可分为段层监控、通道层监控。段层的监控又分为再生段层和复用段层的监控，通道层监控分为高阶通道层和低阶通道层的监控，由此实现对 STM-N 层层细化的监控，如图 2-11 所示。

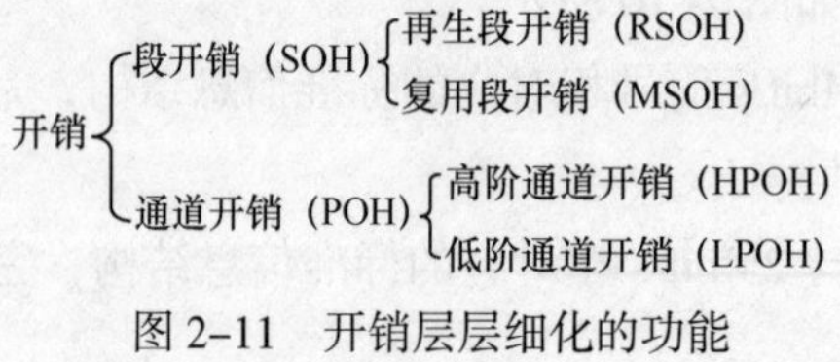

$$
开销 \begin{cases} 段开销（SOH） \begin{cases} 再生段开销（RSOH） \\ 复用段开销（MSOH） \end{cases} \\ 通道开销（POH） \begin{cases} 高阶通道开销（HPOH） \\ 低阶通道开销（LPOH） \end{cases} \end{cases}
$$

图 2-11 开销层层细化的功能

例如对 2.5Gbit/s 系统的监控，再生段开销对整个 STM-16 信号进行监控，复用段开销细化到对其中 16 个 STM-1 的任意一个信号进行监控，高阶通道开销再将其细化成对每个 STM-1 中的 VC-4 进行监控，低阶通道开销又将对 VC-4 进行的监控细化为对其中 63 个 VC-12 的任意一个 VC-12 进行监控，由此实现了从对 2.5Gbit/s 级别到 2Mbit/s 级别的多级监控。

那么，这些监控功能是怎样实现的呢？它是由不同的开销字节来实现的。

1. 段开销

STM-N 帧的段开销位于帧结构的（1～9）行×（1～9N）列。注：第 4 行为 AU-PTR，除外。我们以 STM-1 信号为例来讲述段开销各字节的用途。对于 STM-1 信号，段开销包括位于帧中的（1～3）行×（1～9）列的 RSOH 和位于（5～9）行×（1～9）列的 MSOH，如图 2-12 所示。

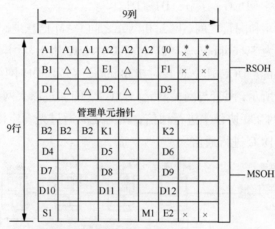

图 2-12　STM-1 帧的段开销字节示意

（1）定帧字节 A1 和 A2

利用定帧字节寻找连续信号流的帧头，如图 2-13 所示。收端通过 A1、A2 从信息流中定位、分离出 STM-N 帧，再通过指针定位到帧中的某一个低速信号寻找连续信号流的帧头。

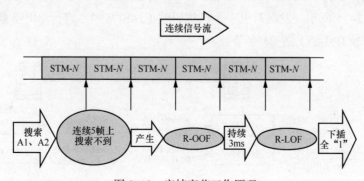

图 2-13　定帧字节工作原理

A1、A2 有固定的值，也就是有固定的比特模式，即 A1:11110110（f6H），A2:00101000（28H）。收端检测信号流中的各个字节，当发现连续出现 3N 个 f6H，又接着出现 3N 个 28H 字节时（在 STM-1 帧中，A1 和 A2 字节各有 3 个），就断定现在开始收到一个 STM-N 帧。收端通过定位每个 STM-N 帧的起点，区分不同的 STM-N 帧，以达到分离不同帧的目的，当 N=1 时，区分的是 STM-1 帧。

如果连续 5 帧以上（625μs）收不到正确的 A1、A2 字节，即连续 5 帧以上无法判别帧头（区分出不同的帧），那么收端进入帧失步状态，产生帧失步（OOF）告警；若 OOF 持续 3ms 则进入帧丢失状态，设备产生帧丢失（LOF）告警，下插 AIS（告警指示信号），整个业务中断。在 LOF 状态下，若收端连续 1ms 以上又处于定帧状态，那么设备回到正常状态。

（2）数据通信通路（DCC）字节：D1 ~ D12

DCC 字节提供网元和网管之间、网元和网元之间 OAM 信息通路。D1 ~ D3 用于再生段（即 DCCR），带宽为 3×64kbit/s=192kbit/s。D4 ~ D12 用于复用段（即 DCCM），带宽为 9×64kbit/s=576kbit/s。DCC 速率总共为 768kbit/s，它为 SDH 网络管理提供了强大的通信基础。如图 2-14 所示，网管与网关网元（GNE）之间通过以太网线连接，通过 TCP/IP（传输控制协议/因特网互联协议）进行通信；网元之间通过光纤连接，通过 ECC（嵌入式控制通路）协议或 DCC 进行通信。

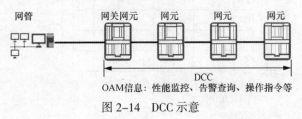

图 2-14　DCC 示意

D1 ~ D12 字节提供了所有 SDH 网元都可接入的通用数据通信通路，其作为 ECC 的物理层，在网元之间传输 OAM 信息，构成 SDH 管理网（SMN）的传送通路。

（3）再生段误码监测字节：B1

B1 对再生段信号流进行监控，方式为 BIP-8 偶校验。

BIP-8 偶校验工作原理：以 8bit 为单位（一个字节为单位），校验相应 bit 列（bit 块），若相应列 1 的个数为偶数，则校验后结果为 0；若相应列 1 的个数为奇数，则校验后结果为 1。如图 2-15 所示，发端对上一个已扰码帧（1#STM-N）进行 BIP-8 偶校验，所得值放于本帧（2#STM-N）的 B1 字节处。

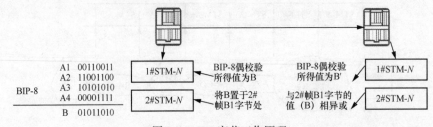

图 2-15　B1 字节工作原理

收端对所收当前未解扰帧（1#STM–N）进行 BIP–8 偶校验，所得值 B1′与所收下一帧解扰后（2#STM–N）的 B1 字节相异或。

异或的值为 0 则表示传输无误码块，有多少个 1 则表示出现多少个误码块。若收端检测到 B1 误码块，在 RS–BBE（再生段背景误码块）性能事件中反映出来。

（4）复用段误码监测字节：B2

B2 的工作机理与 B1 类似，只不过它对复用段信号流进行监控，方式为 BIP–24 偶校验。

BIP–24 偶校验工作原理：以 24bit 为单位（3 个字节为单位，STM–1 帧有 3 个 B2 字节），校验相应 bit 列（bit 块），如图 2–16 所示。

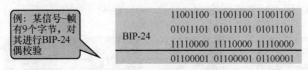

图 2–16　BIP–24 偶校验工作原理

如图 2–17 所示，发端对上一个未扰码帧除去 RSOH 外的所有字节进行 BIP–24 偶校验，所得值放于本帧的 3 个 B2 字节处。

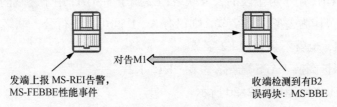

图 2–17　B2 字节工作原理

收端对当前所收已解扰帧除去 RSOH 外的所有字节进行 BIP–24 偶校验，所得值 B2′与所收下一帧解扰后的 B2 字节相异或。

异或的值为 0，则表示传输可能无误码块。

异或的值不为 0，则 1 的数目表示出现误码块的个数。

若收端检测到 B2 误码块，在 MS–BBE（复用段背景误码块）性能事件中反映出来。

（5）复用段远端误码块指示（MS–REI）字节：M1

这是个对告信息，由接收端回传给发送端。M1 字节用来传送接收端由 BIP–$N \times 24$（B2）所检出的误块数，以便发送端据此了解接收端的收信误码情况。

如图 2–18 所示，收端当前收到 B2 检测的误块数，并在发端上报 MS–FEBBE（复用段远端背景误码块）性能事件，同时在发端有 MS–REI 告警事件上报。

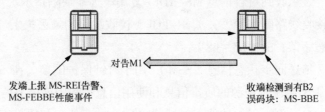

图 2–18　M1 工作原理

STM-0/1 的计数值的范围为（0，24），STM-4 的计数值范围为（0，96），STM-16 的计数值范围为（0，384）。更高速率的信号则采用了 M0、M1 两个字节进行计数，其中 STM-64 的计数值范围为（0，1536），STM-256 的计数值范围为（0，6144）。

（6）公务联络字节：E1 和 E2

公务联络字节用于光纤连通业务未通或业务已通时各站间的公务联络，分别提供一个 64kbit/s 的数字电话通道。

如图 2-19 所示，使用 E1 字节作为公务联络字节，A、B、C、D 网元均可互通公务。因为终端复用器（TM）处理 RSOH 和 MSOH，再生中继器（REG）的作用是信号的再生，只处理 RSOH，所以用 E1 字节可实现 A、B、C、D 网元间的公务互通。

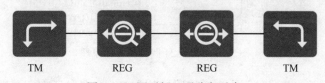

图 2-19　网元间互通公务示意

E1 属于 RSOH，用于再生段的公务联络；E2 属于 MSOH，用于终端间直达公务联络。若仅使用 E2 字节作为公务联络字节，则仅有 A、D 间可以进行公务联络，因为 B、C 网元不处理 MSOH，也就不会处理 E2 字节。

（7）自动保护倒换（APS）通路字节：K1、K2

K1、K2 的工作原理如图 2-20 所示。

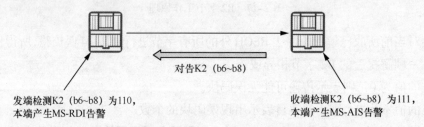

对告K2（b6~b8）

发端检测K2（b6~b8）为110，
本端产生MS-RDI告警

收端检测K2（b6~b8）为111，
本端产生MS-AIS告警

图 2-20　K1、K2 的工作原理

K1、K2（b1~b5）：传送自动保护倒换信令，使网络具备自愈功能，用于复用段保护倒换情况。

K2（b6~b8）：用于指示复用段告警。

b6~b8=111，表示收到复用段全 1 信号，本端产生 MS-AIS（复用段告警指示信号）。

b6~b8=110，表示收到对告信息 MS-RDI（复用段远端缺陷指示），表示对端收信号失效［R-LOS（接收线路侧信号丢失）、R-LOF（接收线路侧帧丢失）、MS-AIS 等］。

（8）同步状态字节：S1（b5~b8）

S1（b5~b8）传送同步状态信息（SSM），用于时钟保护倒换。在 SDH 光同步传输系统中，S1 字节用于传输时钟源的质量信息和使用信息。利用该字节信息，同步定时单元可完成时钟源的自动倒换保护功能。S1 字节（b5~b8）信息编码见表 2-2。

表 2-2　信息编码

S1（b5～b8）	S1 字节（十六进制）	SDH 同步质量等级描述
0000	0x00	同步质量不可知（现存同步网）
0001	0x01	保留
0010	0x02	G.811 时钟信号
0011	0x03	保留
0100	0x04	G.812 转接局时钟信号
0101	0x04	保留
0110	0x06	保留
0111	0x07	保留
1000	0x08	G.812 本地局时钟信号
1001	0x09	保留
1010	0x0A	保留
1011	0x0B	同步设备定时源（SETS）信号
1100	0x0C	保留
1101	0x0D	保留
1110	0x0E	保留
1111	0x0F	不应用作同步

2. 通道开销

段开销负责段层的 OAM 功能，而通道开销负责通道层的 OAM 功能。这类似于货物在集装箱中运输的过程中，不仅要被监测整体损坏情况（相当于 SOH），还要被监测某一件的损坏情况（相当于 POH）。

根据监测通道的"宽窄"（监测货物的大小），通道开销又分为高阶通道开销和低阶通道开销。在本书中，高阶通道开销是指对 VC-4 级别的通道进行监测，可对 140Mbit/s 信号在 STM-N 帧中的传输情况进行监测；低阶通道开销是完成 VC-12 通道级别的 OAM 功能，也就是监测 2Mbit/s 信号在 STM-N 帧中的传输性能。

（1）高阶通道开销（HP-POH）

高阶通道开销的位置在 VC-4 帧中的第一列，共 9 个字节，如图 2-21 所示。

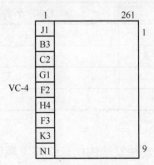

图 2-21　高阶通道开销的结构

1）J1：通道踪迹字节

VC-4 的首字节，即 AU-PTR 所指的字节。

发端持续地发此字节——高阶通道接入点标识符，使收端能据此确认与指定发端处于持续连接状态。

J1 字节设置要求：收发相匹配。即设备实际收的值=设备应收的值。

收端检测到 J1 失配，相应通道（VC-4）产生 HP-TIM（高阶通道踪迹标识符失配）告警，是否会造成业务中断，取决于不同设备的处理机制。华为公司的 SDH 设备 J1 字节值默认为：HuaWei SBS。

在我国的网络应用中,通道接入点识别符可采用 CCITT 建议的 16 字节 E.164 编号格式或 64 字节自由格式码流。国际网边界则只允许使用 16 字节 E.164 编号格式。对于 16 字节格式转移进 64 字节字段传输的地方，需将 16 字节格式重复 4 次。

传送 E.164 编号的 16 字节帧（即通道踪迹识别复用帧）含有 16 个 J1 字节。

2）高阶通道误码监测字节：B3

B3 负责监测 VC-4 在 STM-N 帧中传输的误码性能。监测方式为 BIP-8 偶校验，原理类似于 B1、B2，不过 B3 是对 VC-4 帧进行 BIP-8 校验。

若在收端监测出误码块，那么设备本端的性能监测事件——HP-BBE 显示相应的误码块数，同时在发端相应的 VC-4 通道的性能监测事件——HP-REI（高阶通道远端误码块指示）显示出收端收到的误码块数。

当收端的误码超过了一定的限度，设备会上报一个误码越限（B3-OVER）的告警信息。

3）信号标记字节：C2

C2 为信号标记字节，作用是指示 VC 帧的复接结构和信息净负荷的性质，要求收发相匹配。失配则本端相应 VC-4 通道产生 HP_SLM 告警，并可能往下级信息结构 TUG3/C-4 下插全"1"。例如 C2=00H 表示该 VC-4 未装载，本端产生 HP-UNEQ（高阶通道未装载）告警，并可能往下级信息结构 C-4 下插全"1"。

C2 字节的参数配置与业务类型的对应关系见表 2-3。

表 2-3　C2 字节的参数配置与业务类型的对应关系

输入业务类型	C2 字节的参数设置（十六进制）
TUG 结构	02
34Mbit/s/45Mbit/s 异步映射进 C-3	04
140Mbit/s 异步映射进 C-4	12
未装载	00

4）通道状态字节：G1

G1 是对告信息，即由收端发往发端的信息，使发端能据此了解收端接收相应 VC-4 通道信号的情况，如图 2-22 所示。

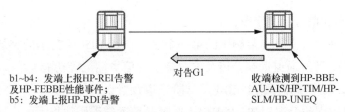

b1~b4: 发端上报HP-REI告警
及HP-FEBBE性能事件;
b5: 发端上报HP-RDI告警

对告G1

收端检测到HP-BBE、
AU-AIS/HP-TIM/HP-
SLM/HP-UNEQ

图 2-22　G1 工作原理

b1 ~ b4：回传由 B3 检测的误码块数，发端上报 HP-FEBBE 性能事件及 HP-REI 告警。b1 ~ b4 值的范围为 0 ~ 15，b1 ~ b4 回传给发端由 B3（BIP-8）检测出的 VC-4 通道的误码块数，也就是 HP-REI。

b5：收端检测到 AU-AIS、J1 和 C2 失配、VC-4 未装载，在相应 VC-4 通道上由 b5 回传，在发端上报 HP-RDI（高阶通道远端缺陷指示）告警，使发端了解收端接收相应的 VC-4 的状态，以便及时发现、定位故障。

b6 ~ b8：暂时未使用。

通道 AIS 或 AU-AIS、HP-TIM、HP-SLM、HP-UNEQ 等告警都会导致 HP-RDI 的产生。

5）TU（支路单元）位置指示字节：H4

H4 指示有效负荷的复帧类别和净负荷的位置，PDH 复用进 SDH 时，H4 字节仅对 2Mbit/s 信号有意义，指示当前帧是复帧的第几个基帧，以便收端据此找到 TU-PTR，拆分出 2Mbit/s 信号。前面讲过，2Mbit/s 的信号装进 C-12 时是以 4 个基帧组成一个复帧的形式装入的，那么收端要正确定位分离出 E1 信号，就必须知道当前的基帧是复帧中的第几个基帧。H4 字节就是指示当前的 TU-12（VC-12 或 C-12）是当前复帧的第几个基帧，起着位置指示的作用。H4 字节的范围是 00H ~ 03H，若收端收到的 H4 不在此范围内，或不是预期值，本端在相应通道产生 HP-LOM（高阶通道复帧丢失）告警，并在相应通道的下级信息结构插全"1"。

（2）低阶通道开销（LP-POH）

低阶通道开销指的是 VC-12 中的通道开销，它监控的是 VC-12 通道级别的传输性能，也就是监控 2Mbit/s 的 PDH 信号在 STM-*N* 帧中传输的情况。图 2-23 显示了一个 VC-12 的复帧结构，该结构由 4 个 VC-12 基帧组成，低阶 POH 就位于每个 VC-12 基帧的第一个字节，一组低阶通道开销共有 4 个字节：V5、J2、N2、K4。

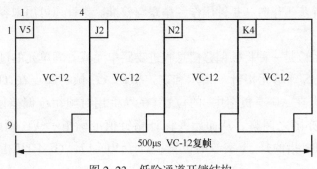

图 2-23　低阶通道开销结构

1）通道状态和信号标记字节：V5

V5（类似 G1 和 C2 字节）：复帧中的第一个字节，TU-PTR 所指示的字节，完成 VC-12 误码监测、VC-12 低阶通道远端差错及失效指示、信号标记等功能。

b1 ~ b2：BIP-2 误码监测 LP-BBE（低阶通道背景误码块）。

b3：收端接收误码情况对告 LP-REI（低阶通道远端误码块指示）。

b4：LP-REI（该比特设置为"1"），对于 VC-12 和 VC-2 的 V5 字节，该比特暂未定义。

b5 ~ b7：信号标记，标示通道是否装载和采用何种映射方式装载等通道特征信息。若为 000，本端相应通道产生 LP-UNEQ（低阶通道未装载）告警。

b8：本端接收到 TU-AIS、LP-TIM、LP-SLM 时，通过 b8（该比特设置为"1"）给发端相应通道反馈 LP-RDI（低阶通道远端缺陷指示）告警信号。

2）VC-12 通道踪迹字节：J2

它被用来重复发送内容由收发两端商定的低阶通道接入点标识符，使收端能据此确认与发端在此通道上处于持续连接状态。通道接入点标识符使用国际规定的 16 字节帧编号格式，格式与 J0 字节相同。

3）网络运营者字节：N2

它用于特定的管理目的。例如，用来提供低阶通道串联连接监视（TCM）功能，与高阶通道开销 N1 字节功能类似。

4）K4：b1 ~ b4

它用于传递低阶通道的自动保护倒换（APS）协议；b5 ~ b7 用于传送低阶通道的增强型远端缺陷指示（RDI）。

2.3.2　指针

指针的作用就是定位，定位使收端能正确地从 STM-*N* 中拆离出相应的 VC，进而通过拆 VC 和 C 容器的包封分离出 PDH 低速信号，也就是说实现从 STM-*N* 信号中直接拆分低速支路信号的功能。

当网络处于同步工作状态时，指针用来进行同步信号间的相位校准。当网络失去同步时，指针用作频率和相位校准。

当网络处于异步工作时，指针用作频率跟踪校准。指针还可用来容纳网络中的频率抖动和漂移。

何谓定位？定位是一种将帧偏移信息收进支路单元或管理单元的过程，即以附加于 VC 上的指针（或管理单元指针）指示和确定低阶 VC 帧的起点在 TU 净负荷中（或高阶 VC 帧的起点在 AU 净负荷中）的位置。在发生相对帧相位偏差使 VC 帧起点"浮动"时，指针值亦随之调整，从而始终保证指针值准确指示 VC 帧起点的位置。对于 VC-4，AU-PTR 指的是 J1 字节的位置；对于 VC-12，TU-PTR 指的是 V5 字节的位置。

TU 或 AU 指针可以为 VC 在 TU 或 AU 帧内的定位提供一种灵活、动态的方法。因为 TU 或 AU 指针不仅能够容纳 VC 和 SDH 在相位上的差别，而且能够容纳帧速率上的差别。

2.4 SDH 设备的逻辑组成及功能块

2.4.1 SDH 设备的逻辑组成

SDH 传送网是由不同类型的网元通过光缆线路的连接组成的，通过不同的网元完成 SDH 网的传送功能：上/下业务、交叉连接业务、网络故障自愈等。下面，我们讲述 SDH 网中常见网元的特点和基本功能。

1. TM（终端复用器）

TM 用在网络的终端站点上，例如一条链的两个端点上，它是一个双端口器件，如图 2–24 所示。

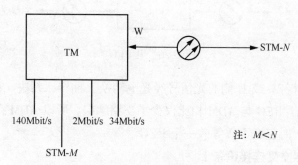

图 2–24　TM 模型

TM 的作用是将支路端口的低速信号复用到线路端口的高速信号 STM–N 中，或从 STM–N 的信号中分出低速支路信号。

2. ADM（分/插复用器）

ADM 用于 SDH 传送网络的转接站点处，例如链的中间节点或环上节点，是 SDH 网上使用最多、最重要的一种网元，如图 2–25 所示。

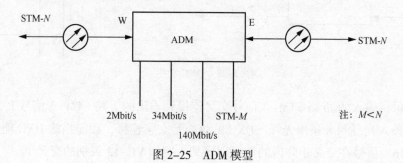

图 2–25　ADM 模型

ADM 有两个线路端口和一个支路端口。两个线路端口各接一侧的光缆（每侧收/发共两根光纤），为了描述方便，我们将其分为西（W）向、东向（E）两个线路端口。ADM 的作用是将低速支路信号交叉复用进东或西向线路上去，或从东或西向线路端口收的线路信号中拆分出低速支路信号。另外，它还可将东/西向线路侧的 STM-N 信号进行交叉连接，例如将东向 STM-16 中的 3#STM-1 与西向 STM-16 中的 15#STM-1 交叉连接。

ADM 是 SDH 最重要的一种网元类型，可等效成其他网元类型，即能完成其他网元的功能，例如，一个 ADM 可等效成两个 TM。

3. REG（再生中继器）

光传输网的 REG 有两种：一种是纯光的 REG，主要进行光功率放大以延长光传输距离；另一种是用于脉冲再生整形的电 REG，主要通过光电变换、电信号抽样、判决、再生整形、电光变换，以达到不积累线路噪声，保证线路上传送信号波形的完好性的目的。此处讲的是后一种 REG。REG 是双端口器件，只有两个线路端口：W、E，如图 2-26 所示。

图 2-26　电 REG

REG 的作用是将 W 或 E 侧的光信号经光电转换、抽样、判决、再生整形、电光转换在 E 或 W 侧发出。REG 与 ADM 相比仅少了支路端口，所以 ADM 在本地不上/下话路（支路不上/下信号）时完全可以等效一个 REG。

4. DXC（数字交叉连接设备）

DXC 完成的主要是 STM-N 信号的交叉连接功能。它是一个多端口器件，相当于一个交叉矩阵，完成各个信号间的交叉连接，如图 2-27 所示。

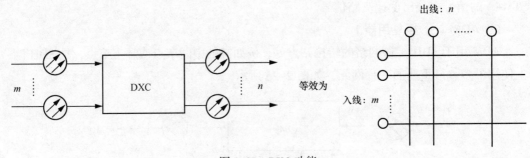

图 2-27　DXC 功能

DXC 可将输入的 m 路 STM-N 信号交叉连接到输出的 n 路 STM-N 信号上，图 2-27 表示有 m 条入光纤和 n 条出光纤。DXC 的核心是交叉连接，功能强的 DXC 能完成高速（例 STM-16）信号在交叉矩阵内的低级别交叉（例如 VC-12 级别的交叉）。

2.4.2　SDH 设备的逻辑功能块

SDH 体制要求不同厂商的产品实现横向兼容，这就必然会要求设备的接口及参数要遵循标准的规范，而不同厂商的设备千差万别，怎样才能实现设备的标准化，以达到互连的要求呢？

ITU–T 采用功能参考模型的方法对 SDH 设备进行规范，将设备所应完成的功能分解为各种基本的标准功能块。功能块的实现与设备的物理实现无关（以哪种方法实现不受限制），不同的设备由这些基本的功能块灵活组合而成，以完成设备不同的功能。ITU–T 通过基本功能块的标准化，规范了设备的标准化，同时也使规范具有普遍性，并且清晰简单。

下面，我们以一个 TM 设备的典型功能块组成，来讲述各个基本功能块的作用。其中，特别注意的是要掌握每个功能块所监测的告警、性能事件及其检测原理。

图 2-28 为一个 TM 功能块的组成，其信号流程是线路上的 STM-N 信号从设备的 A 参考点进入设备依次由 A→B→C→D→E→F→G→L→M 拆分成 140Mbit/s 的 PDH 信号；由 A→B→C→D→E→F→G→H→I→J→K 拆分成 2Mbit/s 或 34Mbit/s 的 PDH 信号（这里以 2Mbit/s 信号为例），这里将其定义为设备的收方向。相应的发方向就是沿这两条路径的反方向将 140Mbit/s 和 2Mbit/s 或 34Mbit/s 的 PDH 信号复用到线路上的 STM-N 信号帧中。设备的这些功能是由各个基本功能块共同完成的。

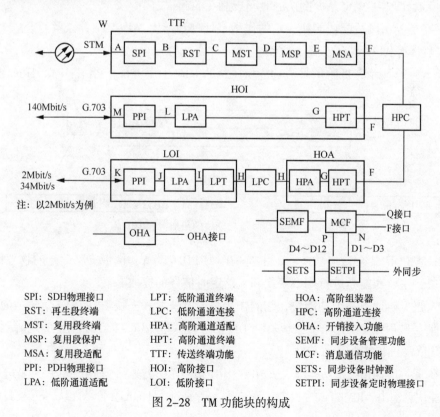

SPI: SDH物理接口　　LPT: 低阶通道终端　　HOA: 高阶组装器
RST: 再生段终端　　　LPC: 低阶通道连接　　HPC: 高阶通道连接
MST: 复用段终端　　　HPA: 高阶通道适配　　OHA: 开销接入功能
MSP: 复用段保护　　　HPT: 高阶通道终端　　SEMF: 同步设备管理功能
MSA: 复用段适配　　　TTF: 传送终端功能　　MCF: 消息通信功能
PPI: PDH物理接口　　HOI: 高阶接口　　　　SETS: 同步设备时钟源
LPA: 低阶通道适配　　LOI: 低阶接口　　　　SETPI: 同步设备定时物理接口

图 2-28　TM 功能块的构成

如图 2-29 所示，高阶信号流功能块由 SPI、RST、MST、MSP、MSA 组成。

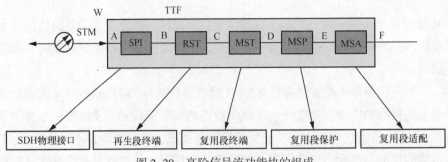

图 2-29　高阶信号流功能块的组成

SPI 是 SDH 物理接口功能块，是设备和光路的接口，主要完成光电变换、电光变换、提取线路定时，以及相应告警的检测。

RST 是再生段终端功能块，是 RSOH 开销的源和宿，也就是说，RST 功能块在构成 SDH 帧信号的过程中产生 RSOH（发方向），并在相反方向（收方向）处理（终结）RSOH。

MST 是复用段终端功能块，是复用段开销的源和宿，在接收方向处理（终结）MSOH，在发方向产生 MSOH。

MSP 是复用段保护功能块，用于在复用段内保护 STM-N 信号，防止随路故障。它通过对 STM-N 信号的监测、系统状态评价，将故障信道的信号切换到保护信道上去（复用段倒换）。ITU-T 规定保护倒换的时间控制在 50ms 以内。

MSA 是复用段适配功能块，它的作用是处理和产生 AU-PTR，以及组合/分解整个 STM-N 帧，将 AUG 组合/分解为 VC-4。

如图 2-30 所示，低阶信号流功能块（140Mbit/s）由 PPI、LPA、HPT、HPC 组成。

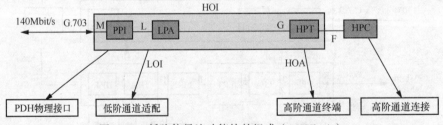

图 2-30　低阶信号流功能块的组成（140Mbit/s）

PPI 是 PDH 物理接口功能块，主要是作为 PDH 设备和携带支路信号的物理传输介质的接口，主要功能是进行码型变换和支路定时信号的提取。

LPA 是低阶通道适配功能块，它的作用是通过映射和去映射将 PDH 信号适配进 C，或把 C 信号映射成 PDH 信号，就是将 PDH 信号装入/拆出 C-4 容器，相当于将货物打包/拆包的过程：140Mbit/s↔C12。

HPT 是高阶通道终端功能块。从 HPC 中出来的信号分成了两种路由：一种是进入 HOI 复合功能块，输出 140Mbit/s 的 PDH 信号；另一种是进入 HOA 复合功能块，再经 LOI 复合功能块最终输出 2Mbit/s 的 PDH 信号。不过，不管走哪一种路由都要先经过 HPT 功能块，两种路由 HPT 的功能是一样的。HPT 是高阶通道开销的源和宿，形成和终结高阶虚容器。

HPC 是高阶通道连接功能块。低阶信号流功能块的组成（2Mbit/s/34Mbit/s）由 PPI、LPA、LPT、LPC、HPA、HPT 组成，如图 2-31 所示。

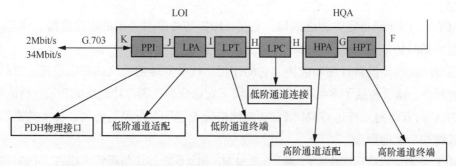

图 2-31 低阶信号流功能块的组成（2Mbit/s/34Mbit/s）

PPI 是 PDH 物理接口功能块，与前面讲的一样，PPI 主要完成码型变换的接口功能，以及提取支路定时信号供系统使用的功能。

LPA 是低阶通道适配功能块。它的作用与前面所讲的一样，就是将 PDH 信号（2Mbit/s）装入/拆出 C-12 容器，相当于将货物打包/拆包的过程：2Mbit/s↔C-12。此时 J 点的信号实际上已是 PDH 的 2Mbit/s 信号。

LPT 是低阶通道终端功能块，是低阶 POH 的源和宿，对 VC-12 而言就是处理和产生 V5、J2、N2、K4 共 4 个 POH 字节。

LPC 是低阶通道连接功能块。与 HPC 类似，LPC 也是一个交叉连接矩阵，不过它是完成对低阶 VC（VC-12/VC-3）的交叉连接功能，可实现低阶 VC 之间灵活的分配和连接。

一台设备若要具有全级别交叉能力，就一定要包括 HPC 和 LPC。例如 DXC4/1 就应能完成 VC-4 级别的交叉连接和 VC-3、VC-12 级别的交叉连接。也就是说，DXC4/1 必须要包括 HPC 功能块和 LPC 功能块。信号流在 LPC 功能块处是透明传输的（所以 LPC 两端参考点都为 H）。

HPA 是高阶通道适配功能块。G 点处的信号实际上是由 TUG-3 通过字节间插而成的 C-4 信号，而 TUG-3 又是由 TUG-2 通过字节间插复合而成的，TUG-2 又是由 TU-12 复合而成的，TU-12 由 VC12+TU-PTR 而成。HPA 的作用有点类似 MSA，只不过是通道级地处理/产生 TU-PTR，将 C-4 这种的信息结构拆/分成 TU-12（对于 2Mbit/s 信号而言）。

辅助功能块由 OHA、SETS、SETPI、SEMF、MCF 组成，如图 2-32 所示。

OHA 是开销接入功能块。它的作用是从 RST 和 MST 中提取或写入相应 E1、E2、F1 公务联络字节，进行相应的处理。

SETS 是同步设备时钟源功能块。数字网都需要一个定时时钟以保证网络的同步，使设备能正常运行。而 SETS 功能块的作用就是提供 SDH 网元乃至 SDH 系统的定时时钟信号。

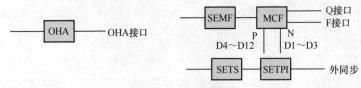

图 2-32　辅助功能块

SETPI：同步设备定时物理接口。它是 SETS 与外部时钟源的物理接口，SETS 通过它接收外部时钟信号或提供外部时钟信号。

SEMF 是同步设备管理功能块。它的作用是收集其他功能块的状态信息，进行相应的管理操作。这就包括了本站向各个功能块下发命令，收集各功能块的告警、性能事件，通过 DCC 向其他网元传送 OAM 信息，向网络管理终端上报设备告警、性能数据以及响应网管终端下发的命令。

MCF 是消息通信功能块。它实际上是 SEMF 和其他功能块与网管终端的一个通信接口。通过 MCF，SEMF 可以和网管进行消息通信（F 接口、Q 接口），以及通过 N 接口和 P 接口分别与 RST 和 MST 上的 DCC 交换 OAM 信息，实现网元和网元间的 OAM 信息的互通。

2.5　SDH 路径层次和开销应用

2.5.1　SDH 路径层次

再生段是指两台设备的 RST 之间的维护区段（包括两个 RST 和它们之间的光缆）。复用段是指两台设备的 MST 之间的维护区段（包括两个 MST 和它们之间的光缆）。再生段只处理 STM-N 帧的 RSOH，复用段则处理了 STM-N 帧的 RSOH 和 MSOH。

SDH 路径层次如图 2-33 所示。

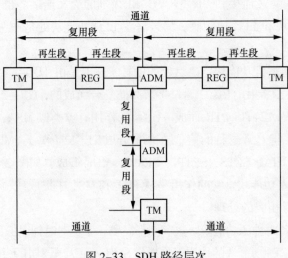

图 2-33　SDH 路径层次

2.5.2　SDH 开销应用

　　SDH 设备主要包括光线路板、支路板、交叉时钟板、主控板等单板，其告警名称分为 SDH 接口告警、PDH 接口告警、再生段告警、复用段告警、高阶通道告警、低阶通道告警、同步时钟告警、硬件设备告警等。详细的告警名称及其分类见表 2–4。这些告警都是通过 SDH 开销处理的。

表 2–4　SDH 告警名称及其分类

序号	告警名称	告警级别	英文缩写
1. SDH 物理接口告警信息			
1.1	信号丢失	紧急	LOS
1.2	发送失效	紧急	TF
1.3	发送劣化	主要	TD
2. 再生段告警信息			
2.1	帧丢失	紧急	LOF
2.2	帧失步	紧急	OOF
2.3	再生段误码率越限	主要	RS–EXC
2.4	再生段信号劣化	次要	RS–DEG
2.5	DCCR 连接失败	主要	DCCRCF
3. 复用段告警信息			
3.1	复用段远端缺陷指示	次要	MS–RDI
3.2	复用段误码率越限	主要	MS–EXC
3.3	管理单元指针丢失	紧急	AU–LOP
3.4	复用段告警指示信号	次要	MS–AIS
3.5	管理单元告警指示信号	次要	AU–AIS
3.6	复用段信号劣化	次要	MS–DEG
3.7	DCCM 连接失败	主要	DCCMCF
3.8	复用段保护倒换事件	次要	MS–PSE
3.9	K2 失配	紧急	K2 Mismatch
3.10	K1/K2 失配	紧急	K1/K2 Mismatch
3.11	AU 指针调整越限	主要	AU–Pointer Alarm

续表

序号	告警名称	告警级别	英文缩写
4. 高阶通道告警信息			
4.1	高阶通道踪迹标识符失配	紧急	HP-TIM
4.2	高阶通道未装载	紧急	HP-UNEQ
4.3	高阶通道远端缺陷指示	次要	HP-RDI
4.4	高阶通道误码率越限	主要	HP-EXC
4.5	支路单元指针丢失	紧急	TU-LOP
4.6	支路单元复帧丢失	紧急	TU-LOM
4.7	高阶通道净负荷失配	紧急	HP-PLM
4.8	高阶通道信号劣化	次要	HP-DEG
4.9	高阶通道告警指示信号	次要	HP-AIS
4.10	高阶通道保护倒换事件	次要	HP-PSE
4.11	支路指针调整越限	主要	TU-Pointer Alarm
5. 低阶通道告警信息			
5.1	低阶通道踪迹标识符失配	次要	LP-TIM
5.2	低阶通道未装载	紧急	LP-UNEQ
5.3	低阶通道远端缺陷指示	主要	LP-RDI
5.4	低阶通道误码率越限	主要	LP-EXC
5.5	低阶通道净负荷失配	主要	LP-PLM
5.6	低阶通道告警指示信号	主要	LP-AIS
6. 同步设备定时源告警信息			
6.1	定时输入丢失	紧急	LTI
6.2	定时输出丢失	紧急	LTO
6.3	定时信号劣化	主要	Timing-Deg
6.4	同步定时标识失配	主要	SSMB Mismatch
7. PDH 物理接口告警信息			
7.1	信号丢失	紧急	LOS
8. SDH 硬件设备告警信息			
8.1	单元盘故障	紧急	Unit Failure
8.2	单元盘脱位	紧急	Unit Removal
8.3	电源失效	紧急	Power Fault

1.　TU–AIS 产生流程

TU-AIS 在网络维护时会经常碰到，通过图 2–34 进行分析，维护人员可以方便地定位 TU-AIS 及其他相关告警的故障点和原因。

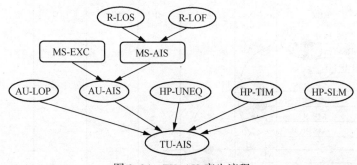

图 2–34　TU–AIS 产生流程

LOS：信号丢失，输入无光功率、光功率过低、光功率过高，使 BER（比特误码率）劣于 10^{-3}。

LOF：帧丢失，OOF 持续 3ms 以上。

MS–AIS：复用段告警指示信号，K2[6 ~ 8]=111 超过 3 帧。

MS–EXC/B2–OVER：复用段误码率越限，由 B2 检测。

AU–AIS：管理单元告警指示信号，整个 AU 为全"1"（包括 AU–PTR）。

AU–LOP：管理单元指针丢失，连续 8 帧收到无效指针或 NDF（新数据标帜）。

HP–TIM：高阶通道踪迹标识符失配，J1 应收和实际所收的不一致。

HP–SLM：高阶通道信号标记失配，C2 应收和实际所收的不一致。

HP–UNEQ：高阶通道未装载，C2=00H 超过了 5 帧。

TU–AIS：支路单元告警指示信号，整个 TU 为全"1"（包括 TU 指针）。

网络维护时产生 TU-AIS 的一个常见的原因是，业务时隙配错，使收发两端的该通道业务时隙错开。

2.　误码性能监视在维护中的应用

一般来说，有高阶误码就会有低阶误码。例如，如果有 B1 误码，一般就会有 B2、B3 和 V5 误码；反之，有低阶误码不会有高阶误码。如有 V5 误码，不会有 B3、B2 和 B1 误码。误码检测关系和检测位置如图 3–35 所示。

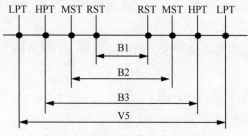

图 2–35　误码检测关系和检测位置

3. 告警检查产生在功能块中的应用

图 2-36 是一个较详细的 SDH 设备各功能块的告警流程，通过它可看出 SDH 设备各功能块产生的告警和性能事件信息及其之间的相互关系。

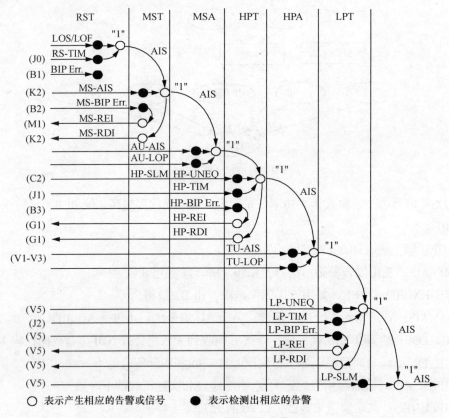

图 2-36　SDH 各功能块的告警流程

ITU-T 建议规定了各告警信号的含义。

LOS：信号丢失，输入无光功率、光功率过低、光功率过高，使 BER 劣于 10^{-3}。

OOF：帧失步，搜索不到 A1、A2 字节，时间超过 625μs。

LOF：帧丢失，OOF 持续 3ms 以上。

RS-BBE：再生段背景误码块，B1 校验到再生段——STM-N 的误码块。

MS-AIS：复用段告警指示信号，K2[6~8]=111 超过 3 帧。

MS-RDI：复用段远端缺陷指示，对端检测到 MS-AIS、MS-EXC，由 K2[6~8] 回发过来。

MS-REI：复用段远端误码块指示，由对端通过 M1 字节回发由 B2 检测出的复用段误码块数。

MS-BBE：复用段背景误码块，由 B2 检测。

MS-EXC：复用段误码率越限，由 B2 检测。

AU-AIS：管理单元告警指示信号，整个 AU 为全"1"（包括 AU-PTR）。

2.6 SDH 业务测试工具

2.6.1 2Mbit/s 误码仪

误码是指经接收、判决、再生后，数字码流中的某些比特发生了差错，使传输的信息质量产生损伤。

2Mbit/s 误码仪是用于 2Mbit/s、$N \times 64$kbit/s 误码测试、离线测试、FAS（帧对齐信号）、CRC–4、E–BIT 等测试的仪器，具有很高的测试准确率。

达迪 BER–1560 数据传输分析仪如图 2–37 所示，其基本功能如下。

图 2–37 达迪 BER–1560 数据传输分析仪

① E1 接口测试；

② V 系列接口测试；

③ 64k 接口测试；

④ RJ45 接口测试；

⑤ T1 接口测试。

2.6.2 SDH 传输分析仪

SDH 传输分析仪是一种用于电子与通信技术领域的电子测量仪器。

SDH 传输分析仪可支持 2.048Mbit/s、34.368Mbit/s、139.264Mbit/s 及 155.520Mbit/s 传输速率的测试，可进行 SDH/PDH 传输设备和网络的误码、指针、开销、插入/提取和相关物理量的测量。

图 2–38 为达迪 SDH–1620A 型 SDH/PDH 传输分析仪。

图 2-38 SDH-1620A 型 SDH/PDH 传输分析仪

本章小结

  本章主要介绍了：SDH 的基本概念；SDH 组网应用场景；SDH 帧结构及其各组成部分的作用；SDH 信号的复用步骤；SDH 帧结构中主要开销字节与告警；SDH 帧结构中指针及其作用；SDH 设备逻辑功能模块的组成。

  通过本章的学习，大家可以了解 SDH 的基础理论知识，并能清楚 SDH 设备各功能块的结构及告警流程，能对 SDH 设备告警的基础理论进行分析。

第3章
波分系统

本章主要内容

WDM 技术是一种比较先进的光纤通信技术，已经非常成熟，采用该技术的产品广泛应用于运营商或企业的网络中。

3.1 WDM 系统原理

3.1.1 WDM 概述

1. 系统扩容解决方案

如图 3-1 所示，SDM（空分复用）技术是靠增加光纤数量的方式线性增加传输的容量，传输设备也线性增加。

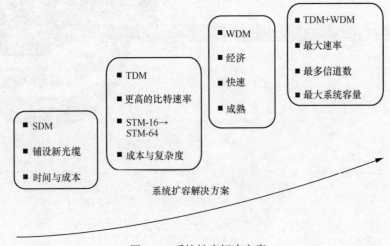

图 3-1 系统扩容解决方案

TDM 技术从传统的 PDH 的 1 次群至 4 次群的复用，到如今 SDH 的 STM-1、STM-4、STM-16 乃至 STM-64 的复用，其扩容有以下缺点。

缺点 1：影响业务运行。

缺点 2：速率的升级缺乏灵活性。

缺点 3：对于更高速率的时分复用设备，成本较高，并且 40Gbit/s 的 TDM 设备已经达到电子器件的速率极限。

2. WDM 的概念

WDM 是将不同波长的光混合在一起进行传输，这些不同波长的光信号所承载的数字信号可以是相同速率、相同数据格式的，也可以是不同速率、不同数据格式的。WDM 可以通过增加新的波长特性，按用户的要求确定网络容量。

如图 3-2 所示，对于 WDM，这里可以将一根光纤看作一个"多车道"的公用道路，传统的 TDM 系统只不过利用了这条道路的一条车道，提高比特率相当于在该车道上加快行驶速度来增加单位时间内的运输量；而使用 DWDM（密集波分复用）技术，类似利用公用道路上尚未使用的车道，以获取光纤中未开发的巨大传输能力。

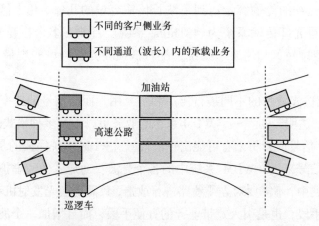

① 高速公路：光纤。
② 巡逻车：监控信号。
③ 加油站：光中继（放大）站。
④ 浅色汽车：不同的客户侧业务。
⑤ 深色汽车：不同通道（波长）内的承载业务。
⑥ 车道：光波长。

图 3-2　WDM 类比示意

所谓 WDM，就是把不同波长的光信号复用到同一根光纤中进行传送。这种方式我们把它叫做波分复用，如图 3-3 所示。

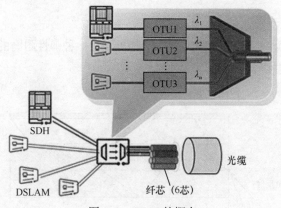

图 3-3　WDM 的概念

DWDM 技术是利用单模光纤的带宽以及低损耗的特性，采用多个波长的波作为载波，允许各载波信道在光纤内同时传输信息。与通用的单信道技术相比，DWDM 技术不仅极大地提高了网络系统的通信容量，充分利用了光纤的带宽，而且具有扩容简单和性能可靠等诸多优点，特别是它可以直接接入多种业务，因此应用前景十分光明。

3. WDM 的优势

WDM 的优势：超大容量、超长距离传输；对数据实现"透明"传输；系统升级时能最大限度地保护已有投资；高度的组网灵活性、经济性和可靠性；可兼容全光交换。

目前使用的普通光纤可传输的带宽是很宽的，但其利用率还很低。使用 DWDM 技术可以使一根光纤的传输容量达到单波长传输容量的几倍、几十倍乃至几百倍。现在商用的最高容量光纤传输系统为 48Tbit/s 系统。目前，多个拉曼光纤放大器（前/后向拉曼+增强型拉曼）和遥泵子系统，配合低损耗光纤，可实现最长超过 400 千米的单跨传输距离。

DWDM 系统按光波长的不同进行复用和解复用，而与信号的速率和电调制方式无关，即对数据是"透明"的。一个 WDM 系统的业务可以承载多种格式的"业务"信号，如 ATM 信号、IP 信号或者将来有可能出现的信号。WDM 系统完成的是"透明"传输，对于"业务"层信号来说，WDM 系统中的各个光波长通道就像"虚拟"的光纤一样。在网络扩充和发展中，不需要对光缆线路进行改造，只需更换光发射机和光接收机即可。这是理想的扩容手段，也是引入宽带业务的方便手段，而且增加一个波长即可引入任意想要的新业务或新容量。

利用 WDM 技术构成的新型通信网络相比用传统的电时分复用技术组成的网络结构要简化，而且网络层次分明，各种业务的调度只需调整相应光信号的波长即可实现。因为网络结构简化、层次分明以及业务调度方便，所以由此带来的网络的灵活性、经济性和可靠性是显而易见的。

全光交换：业务信号不需要进行光电转换，直接进行光层调度即可。

3.1.2 光纤的结构与传导特性

1. 光纤的结构

光纤由圆柱形玻璃纤芯和玻璃包层构成，最外层是一种弹性耐磨的塑料护套，如图 3-4 所示，整根光纤呈圆柱形。

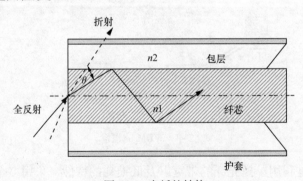

图 3-4 光纤的结构

纤芯的粗细、材料和包层材料的折射率，对光纤的特性有着决定性的影响。纤芯的折射率 $n1$ 大于包层的折射率 $n2$，这也是光信号在光纤中传输的必要条件。

光纤分为单模光纤和多模光纤。单模光纤的纤芯直径极细，一般小于 $10\,\mu m$。多模光纤的纤芯直径较粗，通常为 $50\,\mu m$ 左右。

2. 光纤的导光原理

光在均匀（同一种）介质中是以直线传播的，但在两种不同介质的分界面会产生反射和折射现象，如图 3-5 所示。

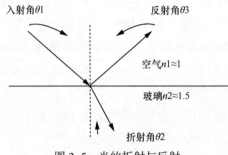

图 3-5 光的折射与反射

当一条光线从空气中照射到物体表面（如玻璃）时，它的速度会减慢，它在介质中的传播方向也会发生变化。所以，折射率可以根据光从一种介质进入另一种介质时的弯曲程度来测量。通常，当一条光线照射到两种介质相接的边界时，入射光线分成两束：反射光线和折射光线（见图 3-5）。

斯涅尔定律指出入射角与反射角相等：$\theta 1 = \theta 3$，入射与折射关系满足 $n1\sin\theta 1 = n2\sin\theta 2$。

光线在不同的介质中以不同的速度传播，看起来就好像不同的介质以不同的阻力阻碍光的传播。描述介质的这一特征的参数就是折射率，或者折射指数。所以，如果 v 是光在某种介质中的速度，c 是光在真空中的速度，那么折射率可确定：$n=c/v$。表 3-1 给出了一些介质的折射率。

表 3-1 一些介质的折射率

材料	空气	水	玻璃	石英	钻石
折射率	1.003	1.33	1.52 ~ 1.89	1.43	2.42

光在光纤中传播利用的是光的全反射原理，如图 3-6 所示。

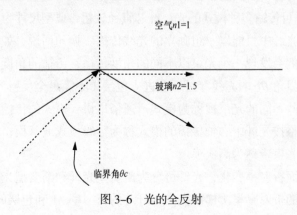

图 3-6 光的全反射

斯涅尔定律指出入射角与反射角相等：$\theta1=\theta3$，入射与折射关系满足 $n1\sin\theta1=n2\sin\theta2$。当入射角大于一个临界角度 θc 时，光线在接触面上发生全反射，不再有折射光线。

当光从折射率较大的介质（如玻璃）进入折射率较小的介质（如空气）时，会发生什么情况呢？如图 3-6 所示，其中入射角 θ（见图中虚线箭头，左侧）达到一定值时，折射角（见图中虚线箭头，右侧）等于 90°。光不再进入第二种介质（在这个例子中是空气），这时入射角被称为临界角 θc。如果我们继续增加入射角使 $\theta > \theta c$，所有的光将反射回入射介质（见图中实线箭头，右侧）。所有的光都反射回入射介质，这一现象被称为全反射现象。

不难理解，当光在光纤中发生全反射现象时，由于光线全部在纤芯区进行传播，没有光跑到包层中去，所以可以大大降低光纤的损耗。

3. 光纤的模数

根据光纤中传输模数的多少，光纤可分为单模光纤和多模光纤两类，如图 3-7 所示。

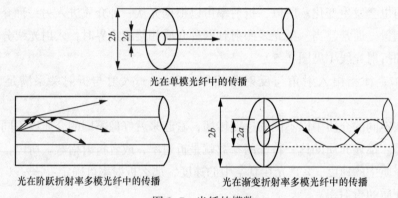

光在单模光纤中的传播

光在阶跃折射率多模光纤中的传播   光在渐变折射率多模光纤中的传播

图 3-7　光纤的模数

光是一种频率极高的电磁波，根据波动光学和电磁场理论以及麦克斯韦方程组，我们发现：当光在光纤中传播时，如果光纤纤芯的几何尺寸远大于光波波长时，光在光纤中会以几十种乃至几百种传播模式进行传播。纤芯直径的粗细不同，光纤中传输模式的数量多少也不同。因此，阶跃折射率光纤或渐变折射率光纤又都可以根据传输模数的多少，分为单模光纤和多模光纤。单模光纤只传输一种模式的光，纤芯直径较细，通常在 5 μm～10 μm。而多模光纤可传输多种模式的光，纤芯直径较粗，典型尺寸为 50 μm 左右。

事实上，光在光纤中只能以一组独立的光线传播。换句话说，如果我们能够看到光纤的内部，那么我们会发现一组光束以不同的角度传播，传播的角度从零到临界角 θc，传播的角度大于临界角 θc 的光线穿过纤芯进入包层（不满足全反射的条件），最终能量被涂敷层吸收。这些不同的光束被称为模式。通俗地讲，模式的传播角度越小，模式的级越低。所以，严格按光纤中心轴传播的模式称为零级模式或基模；其他与光纤中心轴成一定角度传播的光束皆称为高次模。

根据光纤横断面折射率变化，光纤可分为阶跃型光纤和渐变型光纤。阶跃型光纤在纤芯和包层交界处的折射率呈阶梯形突变，纤芯的折射率 $n1$ 和包层的折射率 $n2$ 是均匀常数。渐变型光纤纤芯的折射率 $n1$ 随着半径的增加而按一定规律逐渐减小，到纤芯与包层交界处为包层折射率 $n2$，纤芯的折射率不是均匀常数。

4. 光纤的损耗

如图 3-8 所示，光纤的损耗主要取决于吸收损耗、散射损耗、弯曲损耗。

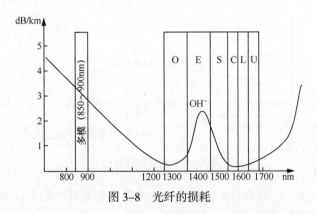

图 3-8 光纤的损耗

吸收损耗是制造光纤的材料本身造成的，是其中的过量金属杂质和氢氧根离子（OH^-）对光的吸收而产生的损耗。

散射损耗通常是光纤材料密度的微观变化，以及所含 SiO_2、GeO_2 和 P_2O_5 等成分的浓度不均匀，使光纤中出现一些折射率分布不均匀的局部区域，从而引起光的散射，将一部分光功率散射到光纤外部引起损耗；或者在制造光纤的过程中，在纤芯和包层交界面上出现某些缺陷或残留一些气泡和气痕等。这些结构上有缺陷的几何尺寸远大于光波，引起与波长无关的散射损耗，并且将整个光纤损耗谱曲线上移，但这种散射损耗相对前一种散射损耗而言要小得多。

综合以上几个方面的损耗，单模光纤在 1310nm 和 1550nm 波长区的衰减常数一般分别为 0.3~0.4dB/km（1310nm）和 0.17~0.25dB/km（1550nm）。ITU-T G.652 建议规定光纤在 1310nm 和 1550nm 的衰减常数应分别小于 0.5dB/km 和 0.4dB/km。

5. 光纤的色散

光纤的色散指光纤中携带信号能量的各种模式成分或信号自身的不同频率成分因群速度不同，在传播过程中互相散开，从而引起信号失真的物理现象。

色度色散（CD）：光源的不同频率（或波长）成分具有不同的群速度，在传输过程中，我们把不同频率的光束的时间延迟不同而产生的色散称为色度色散，如图 3-9 所示。

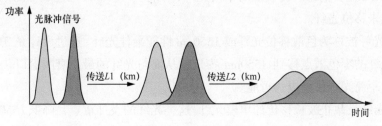

图 3-9 色度色散

目前降低色度色散的影响主要是采用色散补偿模块对光纤中的色散累积进行补偿，主要方式为使用 DCF（色散补偿光纤）。

色散补偿光纤与普通传输光纤的不同之处是它在 1550nm 处具有负的色散系数，DCF 补偿法实际上就是利用这种负色散的光纤，抵消 G.652/G.655 光纤中的正色散，如图 3-10 所示。

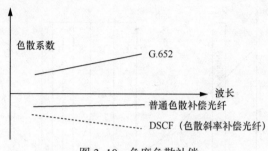

图 3-10　色度色散补偿

偏振模色散（PMD）：由信号光的两个正交偏振态在光纤中的不同的传播速度而引起的色散被称为偏振模色散。

在实际的光纤中，光纤制造工艺会造成纤芯截面有一定程度的椭圆度，或者由材料的热膨胀系数的不均匀性造成光纤截面上各向异性的应力而导致光纤折射率的各向异性，这两者均能造成两个偏振模传播速度的差异，从而产生群时延的不同，形成偏振模色散，如图 3-11 所示。由于引起偏振模色散的因素是随机产生的，因而偏振模色散是一个随机量。在实际波分系统中，10Gbit/s 速率及以下的系统受偏振模色散的影响较小，而对于 40Gbit/s 系统，其可采用相应的编码技术，以提高 PMD 容限。

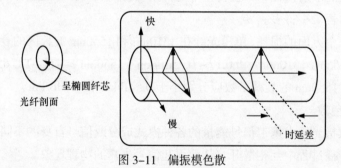

图 3-11　偏振模色散

6. 光纤的分类

G.652 光纤是目前已广泛使用的单模光纤，被称为 1310nm 性能最佳的单模光纤，又被称为色散未移位光纤。

G.653 光纤被称为色散移位光纤或 1550nm 性能最佳光纤。通过设计光纤折射率的剖面，这种光纤的零色散点移到 1550nm 窗口，从而与光纤的最小衰减窗口获得匹配，超高速、超长距离光纤传输成为可能。

G.654 光纤是截止波长移位的单模光纤。这类光纤的设计重点是降低 1550nm 的衰减，其零色散点仍然在 1310nm 附近，因而 1550nm 的色散较高，可达 18ps/nm·km，必须配用单纵模激光器才能消除色散的影响。G.654 光纤主要应用于需要很长再生段距离的海底光纤通信。

G.655 光纤是非零色散移位单模光纤，与 G.653 光纤相近，从而使 1550nm 附近保持了一定的色散值，可避免在 DWDM 传输时发生四波混频现象，适合于 DWDM 系统应用。

3 种常见的单模光纤如图 3-12 所示。

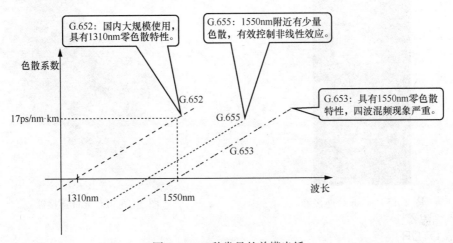

图 3-12　3 种常见的单模光纤

3.1.3　光纤连接器与光时域反射仪（OTDR）

1. 光纤连接器

光纤连接器用于在需要连接/断开功能的地方连接光纤，是光纤与光纤之间进行可拆卸（活动）连接的器件。按照连接头的结构形式，光纤连接器可分为 FC、SC、ST、LC、D4、DIN、MU、MT 等形式。

ST、FC 连接器通常用于布线设备端，如光纤配线架、光纤模块等，分别如图 3-13 和图 3-14 所示。

图 3-13　ST 光纤连接器

图 3-14　FC 光纤连接器

SC 连接器常用于光纤收发器和 GBIC（千兆位接口转换器）光模块，如图 3-15 所示。

LC 光纤连接器属于小型连接器类型的一种，广泛用于综合布线系统工程，常用于连接小型可插拔光模块和预端接模块盒，如图 3-16 所示。

图 3-15　SC 光纤连接器

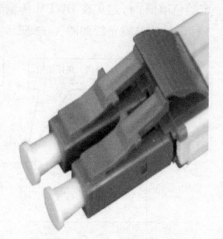

图 3-16　LC 光纤连接器

2. OTDR

OTDR 的作用是通过对测量曲线的分析，给出光纤的均匀性、缺陷、断裂、接头耦合等若干性能信息。

OTDR 作为光缆施工、维护及监测中必不可少的工具，可用于光纤损耗的测量测试、接头损耗的测量、光纤故障断点的定位和光纤线路损耗情况的分析等。

3.1.4　WDM 关键技术

波分系统中涉及的关键技术主要有光源技术、调制技术、光纤放大器技术及监控技术。

1. 光源技术

WDM 对于光源的要求：较大的色散容限和输出标准且稳定的波长。

关于色散容限的说明：假设某 10Gbit/s OTU 单板色散容限为 800ps/nm，在 G.652 光纤中传输，其色散系数为 20ps/nm·km（考虑到系统的色散冗余），色散受限距离 L=800/20=40km。也就是说，传输距离超过 40km 时就必须加入 DCM（色散补偿模块）进行补偿，所以色散容限越大越好。

2. 调制技术

调制就是对信号源的信息进行处理将其加到载波上，使其变为适合于信道传输的过程，是使载波随信号而改变的技术。

一般来说，信号源（也称为信源）发出的信号含有直流分量和频率较低的频率分量，这种信号称为基带信号。

基带信号往往不能作为传输信号，因此必须把基带信号转换为一个相对基带频率而言频率非常高的信号以适合于信道传输。转换后的信号叫作已调信号。

　　调制是通过改变高频载波即消息的载体信号的幅度、相位或者频率，使其随着基带信号幅度的变化而变化来实现的。而解调制则是将基带信号从载波中提取出来以便预定的接收者（也称为信宿）处理和理解的过程。

　　调制信号分为两种：模拟信号和数字信号。用模拟信号控制载波参量的变化，这种调制方式称为模拟调制；用数据信号控制载波信号的参量变化，这种调制方式称为数字调制。

　　数字调制与模拟调制相比有许多优点：数字调制具有更好的抗干扰性能，更强的抗信道损耗，以及更高的安全性；数字传输系统中可以使用差错控制技术，支持复杂信号条件和处理技术，如信源编码、加密技术以及均衡等。

　　调制模式可分为非相干调制和相干调制。

　　（1）非相干调制

　　非相干调制可分为直接调制、电吸收调制和马赫–策恩德尔调制。

　　直接调制：又称为内调制，即直接对光源进行调制，通过控制半导体激光器的注入电流的大小来改变激光器输出光波的强弱。

　　在一般情况下，在常规 G.652 光纤上使用时，传输距离≤100km，传输速率<2.5Gbit/s，常应用于 CWDM（粗波分复用）系统中。

　　电吸收调制：不直接调制光源，而是在光源的输出通路上外加调制器对光波进行调制，此调制器实际上起到一个开关的作用。

　　电吸收调制方式的激光器比较复杂、损耗大而且造价也高，但调制频率啁啾很小，可以应用于传输速率≥2.5Gbit/s、传输距离超过 300km 的系统。因此，一般来说，在使用光线路放大器的 DWDM 系统中，发射部分的激光器均为电吸收调制方式的激光器。

　　马赫–策恩德尔调制：将输入光分成两路相等的信号，分别进入调制器的两个光支路，这两个光支路采用的材料是电光材料，即其折射率会随着外部施加的电信号的大小而变化，由于光支路的折射率变化将导致信号相位的变化，因此两个支路的信号在调制器的输出端再次结合时，合成的光信号是一个强度大小变化的干涉信号。这种办法将电信号的信息转换到了光信号上，实现了光强度调制。分离式外调制激光器的频率啁啾可以等于零，而且相对于电吸收调制激光器，成本较高。

　　（2）相干调制

　　第一步：在发送端，用偏振分束器，将激光分成 x、y 两个垂直的偏振方向，如图3–17 所示。

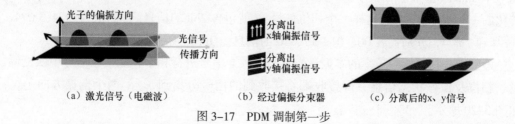

（a）激光信号（电磁波）　　　（b）经过偏振分束器　　　（c）分离后的x、y信号

图 3–17　PDM 调制第一步

40Gbit/s/100Gbit/s 相干调制技术：

ePDM–QPSK（偏振复用–正交相移键控）调制，是 100Gbit/s 波分系统传送的最佳解决方案；

ePDM–BIT/SK（偏振复用 BIT/SK）调制，是 40Gbit/s 波分超长距离传送的解决方案。

第二步：用于发送端的激光被分成 x、y 两个偏振光后，x、y 两个偏振光进行 QPSK/BIT/SK 调制；调制后的信号，通过偏振合波器将 x、y 两个偏振方向上的光信号合路到一根光纤上，然后进行合波与放大后在光缆上传输，过程如图 3-18 所示。

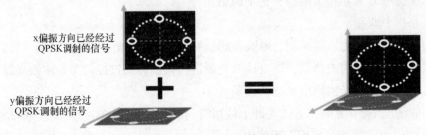

x偏振方向已经经过
QPSK调制的信号

y偏振方向已经经过
QPSK调制的信号

图 3-18　PDM 调制第二步

传统的波分调制采用的是对振幅的调制。ePDM–BIT/SK 和 ePDM–QPSK 调制方式都是对相位的调制。

100Gbit/s 相干传输系统通过 PDM 和 QPSK 技术，降低了电层处理的速率。从现阶段电路技术来看，40Gbit/s 已接近"电子瓶颈"的极限。速率再高，由此引起的信号损耗、功率耗散、电磁辐射（干扰）和阻抗匹配等问题难以解决，即使解决，也要付出非常大的代价。

PDM，把一个光信号分离成两个偏振方向，再把信号调制到这两个偏振方向上，相当于对数据做了"1 分为 2"的处理，速率降低一半。

QPSK，一个相位就表示 2bit，也相当于对数据做了"1 分为 2"的处理，速率降低一半。这样，100Gbit/s 系统（112Gbit/s）的信号，实际处理时的数据波特率仅为：

$$112 \div 2 \div 2 = 28\text{GBaud}$$

40Gbit/s 相干传输系统可以采用 ePDM–BIT/SK 调制，BIT/SK 的一个相位表示 1bit，这样可以提高判决准确率，提升传输非线性能力。

QPSK 调制首先将 2 路 28Gbit/s 的数字信号（2bit）转化成到光场的 l-channel（实部）和 Q-channel（虚部）两个分量，然后通过公式 $s(t)=\text{l} \times \cos \omega\, t - Q \times \sin \omega t = \sqrt{2}\cos(\omega t + \theta)$ 转化成一个相位信号 θ，这样一个相位信号 θ 就包含 2bit 的信息。θ 的值为 $\pi/4$、$3\pi/4$、$5\pi/4$ 和 $7\pi/4$，分别代表 00、01、11、10 的信息。QPSK 调制如图 3-19 所示。

第三步：利用相同频率的本振激光器与接收光信号进行相干，从接收信号中恢复幅度、相位及偏振状态信息，即接收端将接收到的信号分离到 x、y 两个偏振方向上，如图 3-20 所示。

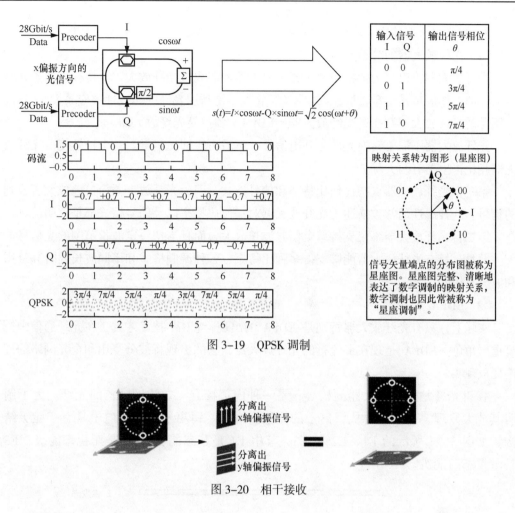

图 3-19　QPSK 调制

图 3-20　相干接收

两束满足相干条件的光被称为相干光。

相干条件：这两束光在相遇区域。

① 振动方向相同；

② 振动频率相同；

③ 相位相同或相位差保持恒定。

两束相干的光在相遇的区域内会产生干涉现象。

几种调制技术的对比见表 3-2。

表 3-2　几种调制技术的对比

调制技术 项目	直接调制	电吸收调制	马赫-策恩德尔调制	相干调制
色散容限（ps/nm）	1200 ~ 4000	7200 ~ 12800	>12800	40000
成本	适中	高	非常高	非常高
波长稳定性	好	较好	良好	非常好

3. 光纤放大器技术

（1）光纤放大器的分类

光纤放大器可以分为掺稀土离子光纤放大器和非线性光纤放大器。掺稀土离子光纤放大器的工作原理是受激辐射；非线性光纤放大器是利用光纤的非线性效应放大光信号。实用化的光纤放大器有掺铒光纤放大器（EDFA）和拉曼光纤放大器。

光纤放大器不需要转换光信号到电信号，然后再转回光信号。这个特性使得光纤放大器相比再生器有两大优势。

第一，光纤放大器支持任何比特率和信号格式，因为光纤放大器简单地放大所收到的信号。这种属性通常被描述为光纤放大器对任何比特率以及信号格式都是透明的。

第二，光纤放大器不仅支持单个信号波长放大，而且支持一定波长范围的光信号放大。并且，只有光纤放大器能够支持多种比特率、各种调制格式和不同波长的时分复用和波分复用网络。

（2）EDFA

实际上，只有光纤放大器特别是 EDFA 的出现，WDM 技术才真正在光纤通信中扮演重要角色。EDFA 是现在最流行的光纤放大器，它的出现将波分复用和全光网络的理论变成现实。

掺铒光纤是光纤放大器的核心，是一种内部掺有一定浓度 Er^{3+} 的光纤。为了阐明其放大原理，我们需要从铒离子的能级图讲起。铒离子的外层电子具有三能级结构，如图 3-21 所示的 E1、E2 和 E3，其中 E1 是基态能级，E2 是亚稳态能级，E3 是激发态高能级。

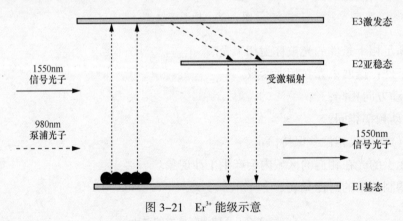

图 3-21　Er^{3+} 能级示意

当用高能量的泵浦激光器来激励掺铒光纤时，可以使铒离子的束缚电子从基态能级大量激发到高能级上。

激发态高能级是不稳定的，因而铒离子很快会经历无辐射衰减（即不释放光子）落入亚稳态能级。

在亚稳态能级上，粒子的存活寿命较长，受到泵浦光激励的粒子，以非辐射跃迁的形式不断地向该能级汇集，从而实现粒子数反转分布。

　　当具有 1550 nm 波长的光信号通过这段掺铒光纤时，亚稳态的粒子以受激辐射的形式跃迁到基态，并产生和入射信号光中的光子一模一样的光子，从而大大增加了信号光中的光子数量，即实现了信号光在掺铒光纤传输过程中的不断被放大的功能。

　　EDFA 作为新一代光通信系统的关键部件，具有增益高、输出功率大、工作光学带宽较宽、与偏振无关、噪声指数较低、放大特性与系统比特率和数据格式无关等优点。它是大容量 DWDM 系统中必不可少的关键部件。掺铒光纤，是 EDFA 最重要的部分之一，是 1～30m 的一段光纤。该光纤在制作过程中向石英纤芯中掺杂了铒元素，故称为掺铒光纤。

　　EDFA 的结构如图 3-22 所示。

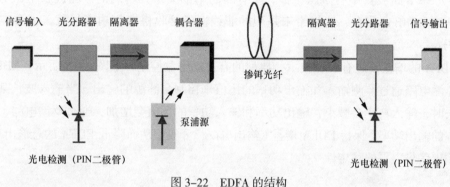

图 3-22　EDFA 的结构

　　隔离器：在前端一个，后端一个，主要作用是让光信号单向传输。

　　泵浦光源：以 980nm 和 1480nm 为最常见。这是因为，1480nm 的泵浦光源激光效率最高，980nm 的光噪声系数较低，并且效率次之。其作用就是让铒离子进行低能态到高能态的跃迁。

　　耦合器：将信号光和泵浦光合在一起，注入掺铒光纤中。

　　光电检测器：完成光电信号的转换。目前常用的半导体光电检测器有两种：PIN 型光电二极管以及雪崩光电二极管（APD）。

　　掺铒光纤放大器的主要优点如下。

　　耦合效率高：由于是光纤放大器，因此易与传输光纤耦合连接。

　　能量转换效率高：掺铒光纤的纤芯比传输光纤细，信号光和泵浦光同时在掺铒光纤中传播，光能量非常集中。这使得光与增益介质铒离子的作用非常充分，加之适当长度的掺铒光纤，因而光能量的转换效率高。

　　增益特性稳定：EDFA 对温度不敏感，增益与偏振无关。增益特性与系统比特率和数据格式无关。

　　掺铒光纤放大器的主要缺点如下。

　　增益波长范围固定：铒离子的能级之间的能级差决定了 EDFA 的工作波长范围是固定的，只能在 1550nm 窗口。

增益带宽不平坦：EDFA 的增益带宽很宽，但 EDFA 本身的增益不平坦。在 WDM 系统中应用时，我们必须采取特殊的技术使其增益平坦。

光浪涌问题：采用 EDFA 可使输入光功率迅速增大，但由于 EDFA 的动态增益变化较慢，在输入信号能量跳变的瞬间，将产生光浪涌，即输出光功率出现尖峰，尤其是当 EDFA 级联时，光浪涌现象更为明显，峰值光功率可以达到几瓦，有可能造成光电变换器和光连接器端面的损坏。

EDFA 的增益锁定是一个重要问题，因为 WDM 系统是一个多波长的工作系统，当某些波长信号失去时，由于增益竞争，其能量会转移到那些未丢失的信号上，使其他波长的功率变高。在接收端，由于电平的突然提高可能引起误码，而且在极限情况下，如果 8 路波长中有 7 路丢失，所有的功率都集中到所剩的一路波长上，功率可能会达到 17dBm 左右，这将带来强烈的非线性或接收机接收功率过载，也会产生大量误码。

EDFA 的增益锁定有多种技术，典型的有自动增益控制，如图 3-23 所示。EDFA 内部的监测电路通过监测输入和输出功率的比值来控制泵浦源的输出，当输入波长某些信号丢失时，输入功率会减小，输出功率和输入功率的比值会增加，通过反馈电路，降低泵浦源的输出功率，保持 EDFA 增益（输出/输入）不变，从而降低 EDFA 的总输出功率，保持输出信号电平的稳定性。

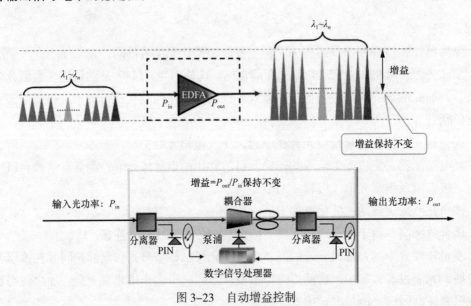

图 3-23　自动增益控制

（3）拉曼光纤放大器

在常规的光纤系统中，光功率不大，光纤呈线性传输特性。当注入非线性光学介质中的光功率非常高时，高能量（波长较短）的泵浦光发生散射，将一小部分入射功率转移到另一频率下移的光束，频率下移量由介质的振动模式决定，此过程称为拉曼效应。受激拉曼散射如图 3-24 所示。

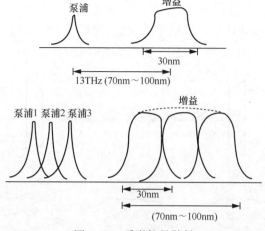

图 3-24　受激拉曼散射

量子力学的描述：入射光波的一个光子被一个分子散射成为另一个低频光子，同时分子完成振动态之间的跃迁。入射光子称作泵浦光，低频的频移光子称为斯托克斯波。

普通的拉曼散射需要很高的激光功率。但是在光纤通信中，作为非线性介质的单模光纤，其纤芯直径非常小（一般小于 $10\mu m$），因此单模光纤可将高强度的激光场与介质的相互作用限制在非常小的截面内，大大提高了入射光场的光功率密度。在低损耗光纤中，光场与介质的作用可以保持很长的距离，其间的能量耦合进行得很充分，使得在光纤中利用受激拉曼散射成为可能。

石英光纤具有很宽的受激拉曼散射增益谱，并在泵浦光频率下移约 13THz 附近有一较宽的增益峰。如果一个弱信号与一强泵浦光波同时在光纤中传输，并使弱信号波长置于泵浦光的拉曼增益带宽内，弱信号光即可得到放大，这种基于受激拉曼散射机制的光纤放大器被称为拉曼光纤放大器。拉曼光纤放大器增益的是开关增益，即放大器打开与关闭状态下输出功率的差值。

拉曼光纤放大器有 3 个突出的特点。

① 它的增益波长由泵浦光波长决定，只要泵浦源的波长适当，理论上可得到任意波长的信号放大。拉曼光纤放大器的这一特点使其可以放大 EDFA 所不能放大的波段，使用多个泵源还可得到比 EDFA 宽得多的增益带宽（后者由于能级跃迁机制所限，增益带宽只有 80nm），因此，对于开发光纤的整个低损耗区（1270nm～1670nm）具有无可替代的作用。

② 它的增益介质为传输光纤本身，这使得拉曼光纤放大器可以对光信号进行在线放大，构成分布式放大，实现长距离的无中继传输和远程泵浦，尤其适用于海底光缆通信等不方便设立中继器的场合，而且因为放大是沿光纤分布而不是集中作用的，光纤中各处的信号光功率都比较小，从而可减少非线性效应尤其是四波混频效应的干扰。

③ 噪声指数低，这使其与常规 EDFA 混合使用时可大大降低系统的噪声指数，增加传输跨距。

（4）光纤放大器的应用

根据 EDFA 在 DWDM 光传送网络中的位置，光纤放大器可以分为功率放大器（BA）、线路放大器（LA）、前置放大器（PA），如图 3-25 所示。

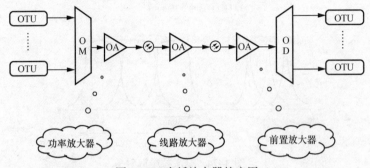

图 3-25　光纤放大器的应用

功率放大器：主要用在发射端，处于合波器之后，用于对合波（OM）以后的多个波长信号进行功率提升，然后再进行传输。由于合波后的信号功率一般都比较大，因此对功率放大器的噪声指数、增益要求并不是很高，但要求信号放大后，要有比较大的输出功率。

线路放大器：用在线路上用于周期性地补偿线路传输损耗，一般要求对信号具有比较小的噪声指数和较大的输出光功率。

前置放大器：用在接收端，处于分波器（OD）之前、线路放大器之后，用于信号放大，提高接收机的灵敏度（在光信噪比满足要求的情况下，较大的输入功率可以压制接收机本身的噪声，提高接收灵敏度），要求噪声指数很小，对输出功率没有太大的要求。

（5）光复用器与解复用器

波分复用系统的核心部件是波分复用器件，即光复用器和光解复用器（有时也称合波器和分波器），实际上均为光学滤波器。其性能好坏在很大程度上决定了整个系统的性能。

合波器的主要作用是将多个信号波长合在一根光纤中传输；分波器的主要作用是将一根光纤中传输的多个波长信号分离。从原理上讲，合波器与分波器是相同的，只需要改变输入、输出的方向，如图 3-26 所示。

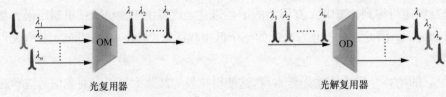

图 3-26　光复用器与解复用器

WDM 系统性能好坏的关键是 WDM 器件，对它的要求是：复用信道数量足够、插入损耗小、串音损耗大和通带宽度大等。

介质薄膜滤波器是由几十层不同材料、不同折射率和不同厚度的介质膜，按照设计要求组合起来的，每层的厚度为 1/4 波长，一层为高折射率，一层为低折射率，交替叠合而成，如图 3-27 所示。

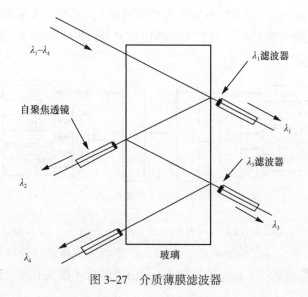

图 3-27　介质薄膜滤波器

介质薄膜滤波器对一定波长范围呈通带，而对其另外波长范围呈阻带，形成所要求的滤波特性。

介质薄膜滤波器波分复用器的主要特点：设计上可以实现结构稳定的小型化器件；信号通带平坦且与极化无关；插入损耗低；通路间隔度好；通路数不多。在波分复用系统中，当只有 4 ~ 16 个波长波分复用时，使用该型波分复用器件是比较理想的。

集成光波导型波分复用器是以光集成技术为基础的平面波导型器件，典型的制造过程是在硅片上沉积一层薄薄的二氧化硅玻璃，并利用光刻技术形成所需要的图案并腐蚀成型。使用集成光波导波分复用器较有代表性的是日本某公司制作的阵列波导光栅（AWG）光合波分波器，如图 3-28 所示。它具有波长间隔小、信道数多、通带平坦等优点，非常适合于超高速、大容量波分复用系统使用。

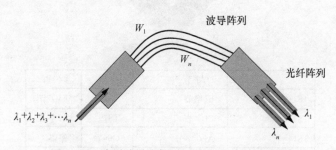

图 3-28　阵列波导光栅（AWG）光合波分波器

4. 监控技术

监控技术可以分为光监控和电监控两类。

（1）光监控

对光监控的要求：不应限制 OA 上的泵浦光波长；不应限制未来 1310nm 波长的业

务；OA 失效时仍有效；可超长传输；具有分段双向传输功能。

按照 ITU-T 的建议，DWDM 系统的光监控信道（OSC）应该与主信道完全独立，主信道与监控信道的独立在信号流向上表现得比较充分，如图 3-29 所示。图中，FIU 为光纤线路接口板。

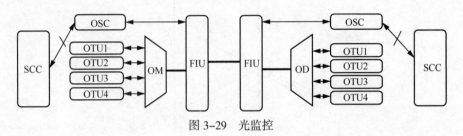

图 3-29   光监控

在 OTM（光终端复用器）站点发方向，主信道是在合波、放大后才接入监控信道的；在收方向，监控信道是首先被分离的，之后系统才对主信道进行预放和分波。

在 OLA（光线路放大器）站点发方向，主信道最后才接入监控信道；在收方向，最先分离出监控信道。

在整个传送过程中，监控信道没有参与放大，但在每一个站点，都被终结和再生了。这点恰好与主信道相反，主信道在整个过程中都参与了光功率的放大，而在整个线路上没有被终结和再生，波分设备只是为其提供了一条条通明的光通道。

OSC 的监控波长：1510nm。

OSC 的监控速率：2Mbit/s。

OSC 的接收灵敏度可以达到-48dBm。

OSC 的帧结构如图 3-30 所示。

| TS0 | TS1 | TS2 | TS3 | …… | TS14 | TS15 | TS16 | …… | TS31 |

TS0	FA字节	TS17	F2字节
TS1	E1字节	TS18	F3字节
TS2	F1字节	TS19	E2字节
TS14	ALC字节	Others	保留
TS3～TS13,TS15	D1～D12字节		

FA：定帧字节。
E1、E2：公务电话。
ALC：自动光功率控制。
F1、F2、F3：同向数据透传。
D1～D12：DCC字节。

图 3-30   OSC 的帧结构

（2）电监控

电监控信道的特点：结构简单，成本低；支持冗余备份；降低光功率预算；降低系统复杂度。电监控信道如图 3-31 所示。

图 3-31　电监控信道

SCC（系统控制与通信）单板将监控信息发至 OTU 单板，OTU 将信号承载进其信号传送单元帧中（OTN 帧结构、SDH 帧结构或者调顶技术）。

ESC（电监控信道）节省了 OSC 和 FIU（光纤线路接口板）的投资成本，同时忽略了 FIU 单板的插入损耗，降低了光功率预算。

3.1.5　WDM 系统结构

1.　系统结构

WDM 系统结构如图 3-32 所示。

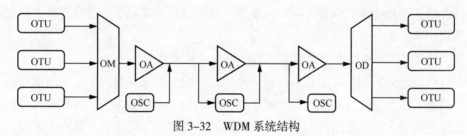

图 3-32　WDM 系统结构

N 路波长复用的 WDM 系统的总体结构主要有光波长转换单元（OTU）、波分复用器即分波/合波器（ODU/OMU）、光纤放大器（BA/LA/PA）、光/电监控信道（OSC/ESC）。

光波长转换单元将非标准的波长转换为 ITU-T 所规定的标准波长，系统中应用光电光的变换，即先用光电二极管（PIN 或 APD）把接收到的光信号转换为电信号，然后该电信号对标准波长的激光器进行调制，从而得到新的符合要求的光波长信号。

光合波器用于传输系统的发送端，是一种具有多个输入端口和一个输出端口的器件，它的每一个输入端口输入一个预选波长的光信号，输入的不同波长的光波由同一输出端口输出。光分波器用于传输系统的接收端，正好与光合波器相反，它具有一个输入端口和多个输出端口，将多个不同波长信号分类开来。

光纤放大器不但可以对光信号直接进行放大，同时还具有实时、高增益、宽带、在线、低噪声、低损耗等功能，是新一代光纤通信系统中必不可少的关键器件。目前实用的光纤放大器主要有掺铒光纤放大器和拉曼光纤放大器等。其中，掺铒光纤放大器以其优越的性能被广泛应用于长距离、大容量、高速率的光纤通信系统中，作为前置放大器、线路放大器、功率放大器使用。

光监控信道是为 WDM 的光传输系统的监控而设立的。ITU–T 建议优选采用 1510nm 波长、容量为 2Mbit/s 的信道。必须在 EDFA 之前从光路中拆分出来,而在 EDFA 之后再重新送入光路中传输。

2. 传输模式

WDM 系统的传输模式主要分为单纤单向传输模式和单纤双向传输模式。

单纤单向波分复用系统采用两根光纤,一根光纤只完成一个方向光信号的传输,反向光信号的传输由另一根光纤来完成,如图 3–33 所示。

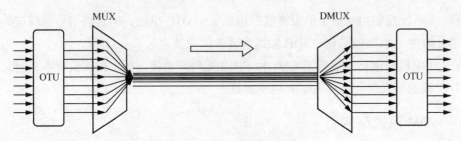

图 3–33　单纤单向传输模式

这种 WDM 系统可以充分利用光纤的巨大带宽资源,使一根光纤的传输容量扩大至原来的几倍甚至几十倍。在长途网中,规划人员可以根据实际业务量的需要逐步增加波长来实现扩容,十分灵活。

现网使用的 WDM 系统大多数采用单纤单向传输方式。

单纤双向波分复用系统则只用一根光纤,在一根光纤中实现两个方向光信号的同时传输,两个方向光信号应安排在不同波长上,如图 3–34 所示。当需要将光信号放大以延长传输距离时,必须采用双向光纤放大器以及光环形器等元件,但其噪声系数稍大。

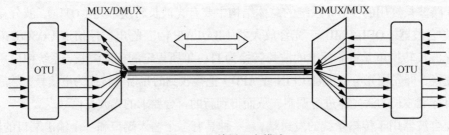

图 3–34　单纤双向模式

3. 应用模式

WDM 的应用模式分为集成式 DWDM 系统模式和开放式 DWDM 系统模式。

集成式 DWDM 系统没有采用波长转换技术,它要求复用终端的光信号的波长符合 DWDM 系统的规范,不同的复用终端设备发送不同的符合 ITU–T 建议的波长,这样它们在接入合波器时就能占据不同的通道,从而完成合波。集成式 DWDM 系统模式如图 3–35 所示。

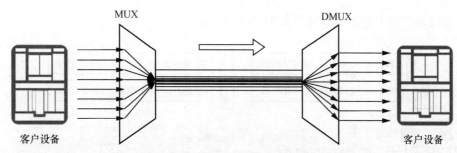

图 3-35　集成式 DWDM 系统模式

在实际应用中，开放式 DWDM 系统模式和集成式 DWDM 系统模式可以混合使用。

开放式 DWDM 系统对复用终端光接口没有特别的要求，只要求这些接口符合 ITU-T 建议的光接口标准。DWDM 系统采用波长转换技术，将复用终端的光信号转换成指定的波长，不同终端设备的光信号转换成不同的符合 ITU-T 建议的波长，然后进行合波。开放式 DWDM 系统模式如图 3-36 所示。

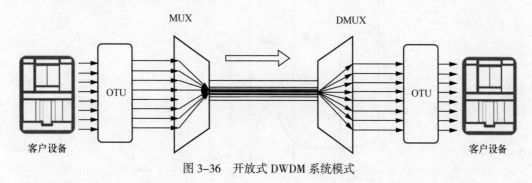

图 3-36　开放式 DWDM 系统模式

3.1.6　DWDM 与 CWDM

1. DWDM

DWDM 系统在 1550nm 波长区段内同时用 8、16 或更多个波长，其中每个波长之间的间隔为 1.6nm、0.8nm 或更低。

C 波段 160 波划分为奇数波和偶数波，具体划分如下。

C-奇数波：波长编号为奇数的波，总共 80 波。中心频率范围：192.150THz ～ 196.050THz（中心波长范围：1529.16nm ～ 1560.20nm），频率间隔为 50GHz。

C-偶数波：波长编号为偶数的波，总共 80 波。中心频率范围：192.100THz ～ 196.000THz（中心波长范围：1529.55nm ～ 1560.61nm），频率间隔为 50GHz。

扩展 C 波段 192 波划分为奇数波和偶数波，具体划分如下。

扩展 C-奇数波：波长编号为奇数的波，总共 96 波。中心频率范围：191.350THz ～ 196.050THz（中心波长范围：1529.16nm ～ 1566.72nm），频率间隔为 50GHz。

扩展 C-偶数波：波长编号为偶数的波，总共 96 波。中心频率范围：191.300THz ～ 196.000THz（中心波长范围：1529.55nm ～ 1567.13nm），频率间隔为 50GHz。

C 波段及扩展 C 波段波长范围如图 3-37 所示。

图 3-37　C 波段及扩展 C 波段波长范围

2. CWDM

CWDM 一般工作在 1271nm～1611nm 波段，波长间隔为 20nm，如图 3-38 所示。

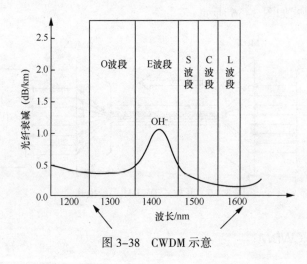

图 3-38　CWDM 示意

　　相对于 DWDM 系统，CWDM 系统不仅可提供一定数量的波长和 100km 以内的传输距离，而且还可降低系统的成本，并具有非常强的灵活性。因此 CWDM 系统主要应用于城域网。

　　在实际应用中，CWDM 产品主要有两种：8 波长系统和 16 波长系统。8 波长系统是目前应用比较多的系统。

　　CWDM 与 DWDM 在波段、通道间隔、应用场景、器件要求上的对比见表 3-3。

表 3-3　CWDM 与 DWDM 的对比

系统	波段	通道间隔	应用场景	器件要求
DWDM	主要是 C 波段	40 波：100GHz（约 8nm） 80 波：50GHz（约 4nm） 96 波：50GHz	对损耗控制要求高的骨干网；长距离需要使用多个 OA	对激光器、合/分波器（价格高昂）等要求很高，成本高

续表

系统	波段	通道间隔	应用场景	器件要求
CWDM	8 波长：S 波段 + C 波段 + L 波段 16 波长：S 波段 + C 波段 + L 波段 + O 波段 + E 波段	20nm	短距离城域网（一般 100km 以内），可以不配置 OA	宽谱波长，激光器一般不需要考虑波长随温度漂移的因素，无温度控制，成本低；合/分波器采用介质薄膜，成本比 DWDM 的 AWG 等合/分波器低很多，但其限制了波道数不能超过 16 波

3.2　设备与应用

3.2.1　WDM 网络层次和系统架构

1．WDM 网络层次

WDM 网络层次如图 3-39 所示。

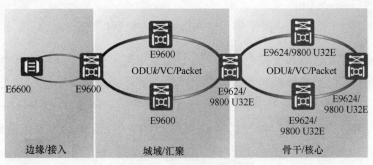

图 3-39　WDM 网络层次

NG WDM 相比于传统的 WDM 具有灵活的拓扑以及更多的保护方式。

NG WDM 设备可以应用于骨干/核心层、城域/汇聚层、边缘/接入层。

OptiX OSN 9800 主要应用于骨干/核心层，OptiXtrans E9600 主要应用于城域/汇聚层，OptiXtrans E6600 应用于城域边缘节点。

OptiXtrans E9600 & OptiX OSN 9800 可以与 OptiXtrans E6600/OptiX OSN 1800 组建完整的 OTN 端到端网络，统一管理。

NG WDM 采用 L0+L1+L2 三层架构。L0 光层支持光波长的复用/解复用和 DWDM 光信号的上下波；L1 电层支持 ODUk/VC 业务的交叉调度；L2 层实现基于以太网/MPLS-TP 的交换。

通过背板总线，系统实现主控板对其他单板的控制、单板间通信、单板间业务调度和电源供电。背板总线包括控制与通信总线、电交叉总线、时钟总线、电源总线等。

光、电层统一调度模型如图 3-40 所示。

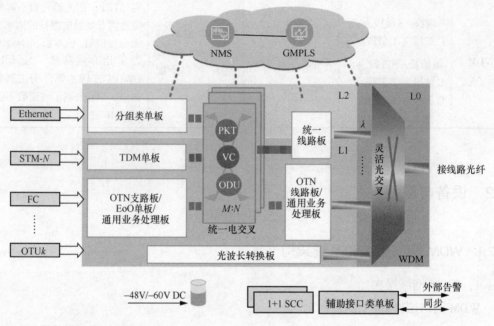

EoO: Ethernet over OTN

图 3-40　光、电层统一调度模型

光层单板包含光合波和分波类单板、光分插复用类单板、光纤放大器类单板、光监控信道类单板、光保护类单板、光谱分析类单板、光可调衰减类单板以及光功率和色散均衡类单板,用于处理光层业务,可实现基于 λ 级别的光层调度。EoO(Ethernet over OTN) 单板可将以太网信号处理后,经过封装、映射后上 OTN 系统。电层单板包括支路类单板、分组类单板和线路类单板,用于处理电层信号,并进行信号的光电光转换。各级别调度颗粒可通过集中交叉单元,实现电层信号的灵活调度。电层交叉调度能够处理 PKT、ODU 和 VC 平面任意颗粒的业务。

系统控制与通信类单板是设备的控制中心,协同网络管理系统对设备的各单板进行管理,并实现设备之间的相互通信。

辅助接口单元提供时钟/时间信号的输入/输出接口（预留接口）、告警输出及级联端口、告警输入/输出等各种功能接口。

2. OptiXtrans E6600 系统架构

光层单板包含光合波和分波单板、静态光分插复用单板、动态光分插复用单板、光放大单板、光保护单板,用于处理光层业务,可实现基于 λ 级别的光层调度。

光波长转换单板用于处理业务信号,进行信号的光电光转换。

SCC 单板（仅 OptiXtrans E6608T 支持）是设备的控制中心,协同网络管理系统对设备的各单板进行管理,并实现设备之间的相互通信。

主控交换时钟板（仅 OptiXtrans E6608、OptiXtrans E6616 支持）集成了交叉、主控、时钟模块，支持通信控制、业务调度、时钟处理等功能。它除了协同网络管理系统对设备的各单板进行管理外，还可向各个业务板提供系统时钟信号以及帧头信号，并将网元时间同步为上游系统时间，完成整个网元时钟和时间同步。

OptiXtrans E6600 采用冗余保护设计的电源、风扇系统，保证了设备运行的高可靠性。

所有单板都通过背板总线实现单板间通信、单板间业务调度、时钟同步、电源供电等。背板总线包括控制与通信总线、电交叉总线、时钟总线、电源总线等。

3. 网络拓扑

传送网支持点到点、链形、环形和网状等组网方式，支持 MSTP 设备和 NG WDM 设备共同组网，实现完整的传送网解决方案。不同的组网方式有不同的应用场景，对此可根据业务需求选择不同的组网方式。

（1）点到点组网

点到点网络拓扑如图 3-41 所示。两个 OTM 站点组成点到点拓扑。

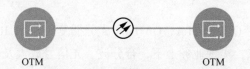

OTM　　　　　　　　　OTM

图 3-41　点到点网络拓扑

点到点组网是最简单的一种组网形式，用于端到端的业务传送。点到点组网也是最基本的组网形式，其他组网方式以此为基础。点到点组网一般用于常见的语音业务、数据专线业务和存储业务。

（2）链形组网

链形组网如图 3-42 所示。当部分波长需要在本地上下业务，而其他波长继续传输时，就需要采用光分插复用设备组成的链形组网方式。链形组网应用的业务类型与点到点组网类似，但其更加灵活，可用于点到点业务，也可应用于简单组网形式下的汇聚业务和广播业务。

OTM　　　　　　OADM　　　　　　OTM

图 3-42　链形组网

（3）环形组网

环形组网如图 3-43 所示。环形组网具备自愈保护能力，是传送网络中的主要组网类型。

网络的安全可靠是网络服务质量的重要体现，为了提高传送网络的保护能力，传送网的规划大部分都采用环形组网方式。环形组网适用范围广，可用于点到点业务、汇聚业务和广播业务。环形组网还可以衍生出各种复杂的网络结构，例如：两环相切、两环相交、环带链等。

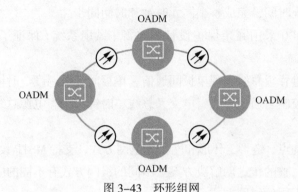

图 3-43   环形组网

3.2.2   WDM 站点类型和网络架构

1. 站点类型

WDM 站点类型有：OTM、OLA、OADM（光分插复用器）、REG。

OTM 为光终端站点，实现业务上下，合分波、光信号放大及光监控信号的处理。

OLA 为光放大站点，实现光信号放大及光监控信号的处理。

OADM 可分为 FOADM（固定光分插复用器）和 ROADM（可重构光分插复用器）。FOADM 实现业务上下、波长静态穿通、合分波、光信号放大及光监控信号的处理。ROADM 实现业务上下、波长动态穿通、合分波、光信号放大及光监控信号的处理。

REG 实现合分波、电中继、光信号放大及光监控信号的处理。

（1）OTM

1）OTM 站点功能单板

OTM 站点功能单板有：

- 光波长转换类单板和线路类单板；
- 光合波和分波类单板；
- 光纤放大器类单板；
- 光监控信道类单板；
- 色散均衡类单板或色散补偿模块系统控制通信类单板；
- 光谱分析类单板。

光合波和分波类单板配置原则：80 波 OTM 站点，若上下波使用 M40V/D40，则必须配置 ITL 单板。

光纤放大器类单板配置原则：根据光功率预算原则，按照实际场景需要配置光放大板。

光监控信道类单板配置原则：SC1 和 ST2 单板均支持光监控信号的收发控制、传送并提取系统的开销信息。如果需要实现 IEEE 1588v2 同步时钟处理功能、两路 FE 信号的透传、线路光纤质量监测功能，那么需要使用 ST2 单板。

2）OTM 站点信号流（40 波）

OTM 设备应用于终端站。接收方向：从西向接收的线路信号分离出光监控信号和主信道光信号，光监控信号被送入光监控单元处理，主信道光信号经光放大后被送入光分波单元，所有波长被分离出来后进入相应的波长转换单元，进而被送入本地的客户端设备。发送方向的信号流是接收方向的逆过程。

OTM 站点需要注意 OTU 发送方向的功率平坦，因此采用 M40V 配置。

另外，在 OTU 客户侧和波分侧的接收端注意加固定光衰减器，调节光功率至接收灵敏度和过载点之间。OTM 站点信号流（40 波）如图 3-44 所示。

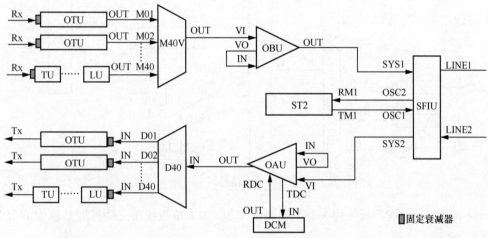

图 3-44　OTM 站点信号流（40 波）

3）OTM 站点信号流（48 波）

OTM 站点信号流（48 波）如图 3-45 所示。它的接收方向和发送方向的信号流与 OTM 站点信号流（40 波）相同。

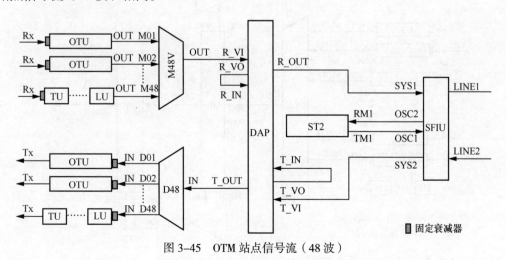

图 3-45　OTM 站点信号流（48 波）

OTM 站点需要保持 OTU 发送方向的功率平坦，因此采用 M48V 配置。

另外，在 OTU 客户侧和波分侧的接收端注意加固定光衰减器，调节光功率至接收灵敏度和过载点之间。

4）OTM 站点信号流（80 波）

OTM 站点信号流（80 波）如图 3-46 所示。

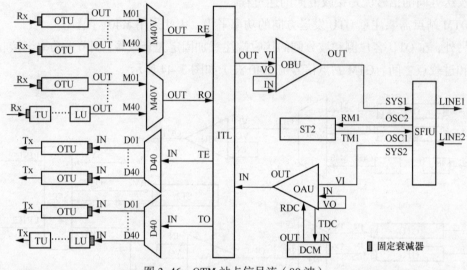

图 3-46　OTM 站点信号流（80 波）

96 波时，合分波单板使用 M48V 和 D48 单板，放大单板使用支持扩展 C 波段的 DAP 或者是 DAPXF 单板。

5）OTM 站点信号流（单纤双向）

OTM 站点信号流（单纤双向）如图 3-47 所示。

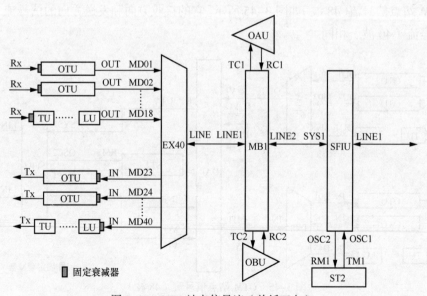

图 3-47　OTM 站点信号流（单纤双向）

以上场景可实现将最多 18 路符合 ITU–T G.694.1 建议的标准波长光信号复用为 1 路光信号，同时将 1 路光信号解复用为最多 18 路符合 ITU–T G.694.1 建议的标准波长光信号。EX40 单板用于该场景时，MD01 ~ MD18 光口为一组，MD23 ~ MD40 光口为一组，一组用来接收光信号，另一组则用来发送光信号；也可配合 TNF1ITL 单板，实现 35 路信号的合/分波（偶数波段：MD01 ~ MD18、MD23 ~ MD40；奇数波段：MD01 ~ MD17、MD23 ~ MD39）。

（2）OLA

OLA 站点的功能单板有：

- 光纤放大器类单板；
- 光合波和分波类单板；
- 光监控信道类单板；
- 色散均衡类单板或色散补偿模块类单板。

OLA 站点信号流如图 3–48 所示。

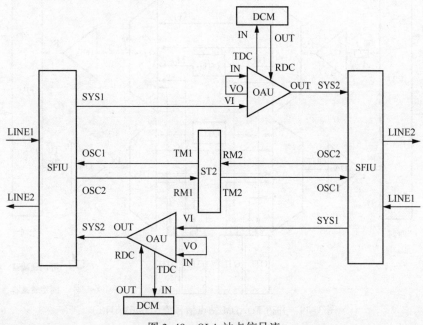

图 3–48　OLA 站点信号流

OLA 设备用于光放大站，分别对两个方向上传输的光信号进行放大。

它首先从接收的线路信号中分离出光监控信号和主信道光信号，光监控信号被送入光监控单元处理，主信道光信号通过光放大单元进行放大，然后与处理后的光监控信号合波，被送入光纤线路传输。

OLA 站点的光纤连接比较简单，光纤放大器多采用 OAU1 单板。OLA 站点的光监控信道类单板多采用 ST2 单板（双向光监控信道单板）。

（3）FOADM

FOADM 站点的功能单板有：

- 光波长转换类单板；
- 支路和线路类单板；
- 光合波和分波类单板；
- 静态光分插复用类单板；
- 光纤放大器类单板；
- 光监控信道类单板；
- 色散均衡类单板或色散补偿模块类单板。

FOADM 站点可以分为两种：并行 FOADM（或称为背靠背 OTM）采用 M40V/D40；串行 FOADM 采用 MR2/MR4/MR8/MR8V。

并行 FOADM 站点信号流（M40V/D40）C-偶数波段配置如图 3-49 所示。

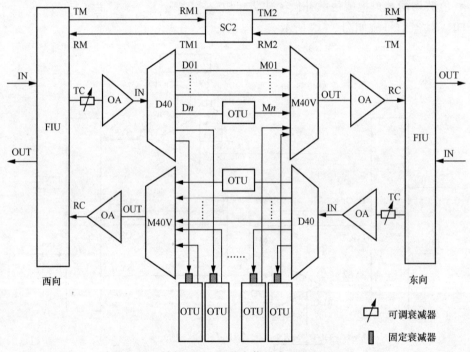

图 3-49　并行 FOADM 站点信号流（M40V/D40）

并行 FOADM 站点（背靠背 OTM 站点）一般应用在中间站点。

接收方向：从西向接收的线路信号分离出光监控信号和主信道光信号，光监控信号被送入光监控单元处理，主信道光信号经光放大后被送入光分波单元。

部分波长被分离出来进入波长转换单元，进而被送入本地的客户端设备；其余波长不解复用到本地，穿通后与本地插入的波长通过光合波单元复用后，再进行光放大，最后与处理后的光监控信号合波并被送入线路传输。当业务需要穿通时，以西向到东向穿通业务为例，直接通过西向 D40 到东向 M40V 跳纤即可，当有多个方向时，通过 ODF（光纤配线架）跳纤。

当业务需要上下时，M40V/D40 连接 OTU 单板。

发送方向的信号流是接收方向的逆过程。

当业务需要中继时,可以在西向发往东向的过程中串联具有中继功能的 OTU 单板进行中继。

串行 FOADM 站点信号流(MRx)C-偶数波段配置如图 3-50 所示。

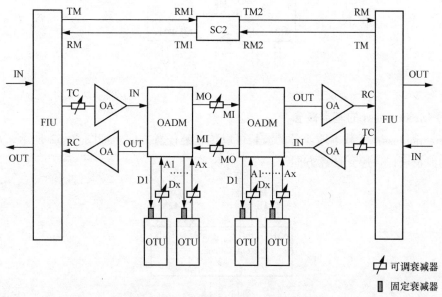

图 3-50 串行 FOADM 站点信号流(MRx)

采用 MR2/MR4/MR8/MR8V 系列 TTF 型单板构成的 FOADM 站点称为串行 FOADM,串行 FOADM 设备分别对两个传输方向的光信号进行处理。其通过 MR2/MR4/MR8/MR8V 单板分别上下 2/4/8 路波长,可以级联。偶数波可以级联 MR2 单板的个数为 8 个,也就是说,最大上下波长为 16 波。如果大于 16 波建议采用 M40V/D40 的 FOADM 配置。

注意穿通波和上波信号间需要加可调光衰,调节功率平坦。

如果一个 FOADM 站点由两块 MR4 组成,则在接收方向:首先,FIU 单板从接收的线路信号中分离出光监控信号和主信道光信号,光监控信号被送入光监控单元处理。主信道光信号经光放大后被送入 MR4,部分波长被分离出来后进入波长转换单元,进而被送入本地的客户端设备。其余波长不在本地分插复用,穿通后与本地插入的波长复用,再进行光放大,最后与处理后的光监控信号合波后被送入线路传输。发送方向的信号流是接收方向的逆过程。

(4)ROADM

1)Directioned 的基本概念

Directioned:承载本地业务的波长可以传送到固定方向。如图 3-51 所示,从本地上下的波长只能传送到方向 1。

在 Directioned 场景下,当前路径不能灵活调整。如果当前路径需要调整,则必须要进站调整网络的光纤连接。Directioned 应用于非 ASON 的场景。

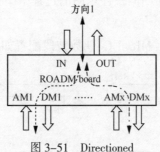

图 3-51　Directioned

2）Directionless 的基本概念

Directionless：承载本地业务的波长可以传送到任意方向。如图 3-52 所示，从本地上下的波长可以传递到任意方向。

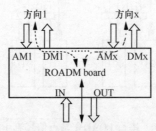

图 3-52　Directionless

在非 ASON 中的 Directionless 场景下，当前路径也不能自动调整。当业务需要调整或工作路径故障使用保护路径时，手动配置光交叉来实现业务的灵活调度。在 ASON 中，自动重路由功能可以自动发现路径并自动创建光交叉。

3）Colored

Colored：使用 M40V、D40 单板上下波。每个上波或下波端口只能上下固定波长，如图 3-53 所示。

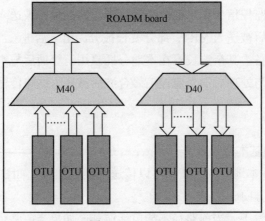

图 3-53　Colored

Colored 上下波端口（固定波长）具有低插损和低成本的优势。如果需要使用新的波长替代已有的波长，则必须进站调整 OTU 单板或线路单板与合/分波单板上下波端口的连纤。在 ASON 中，业务可以实现相同波长的重路由，因此可能会发生波长冲突。

4）Colorless

Colorless：任意波长可以通过 ROADM 单板的任意端口上下，使用 WSM9 和 WSD9 单板或者 WSM9 和 RDU9 单板或者 TM20 和 TD20 单板上下波，如图 3-54 所示。

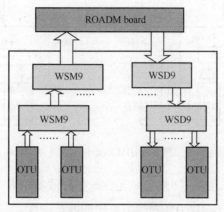

图 3-54　Colorless

Colorless 上下波端口（波长可调)，允许远程对 ROADM 进行重配置。但是，新业务需要的 OTU 或线路单板必须已经安装在子架上。如果没有，则需要进站安装新业务需要的单板。

在 ASON 中，如果配合可调波长的 OTU 单板或线路单板，则业务重路由时可以灵活调整波长，从而避免发生波长冲突。

5）ROADM 站点功能单板

ROADM 站点的功能单板有：

光波长转换类单板；

支路和线路类单板；

动态光分插复用类单板；

光纤放大器类单板；

光合波和分波类单板；

光监控信道类单板；

色散均衡类单板或色散补偿模块类单板。

6）ROADM 站点模型

ROADM 站点模型有：RDU9 和 WSM9 单板构成的 ROADM 站点（40/80 波）、WSD9 和 WSM9 单板构成的 ROADM 站点（40/80 波）、WSMD2/WSMD4/WSMD9 单板构成的 ROADM 站点。

二维 ROADM 站点信号流（WSMD9）如图 3-55 所示。

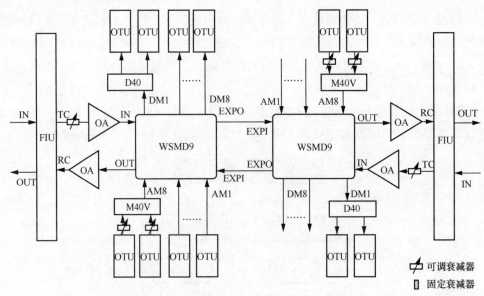

图 3-55　二维 ROADM 站点信号流（WSMD9）

WSMD9 单板属于光动态分插复用单元，与光分波类单板、光合波类单板或光分插复用单元配合使用，实现在 DWDM 网络节点中的波长调度。

WSMD9 的"AM1～AM8""DM1～DM8""EXPI""EXPO"光口也可以用作其他维度的信号调度。

WSMD9 配合相干 OTU 或线路单板使用时，由于相干 OTU 或线路单板具有波长选择功能，因此可不配置分/合波单板，直接连接。

2. 应用场景

我们以 40Gbit/s 和 100Gbit/s 混传相干波分系统为例，如图 3-56 所示，介绍站点的典型应用。

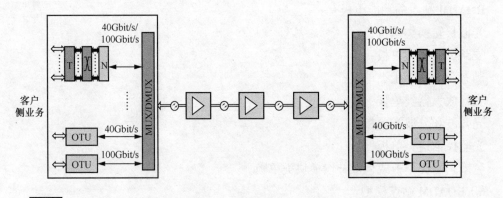

图 3-56　40Gbit/s 和 100Gbit/s 混传相干波分系统（1）

100Gbit/s 和 40Gbit/s 整颗粒度业务进行光层穿通，包含子颗粒度的 100Gbit/s 和 40Gbit/s 业务通过电层进行调度，如图 3-57 所示。

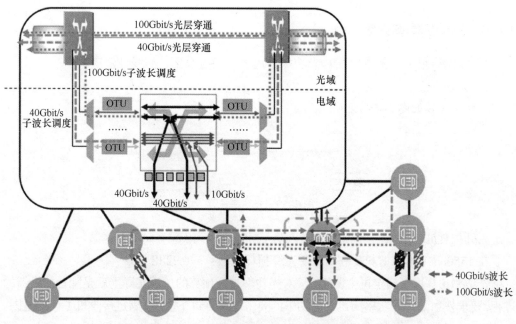

图 3-57 40Gbit/s 和 100Gbit/s 混传相干波分系统（2）

100Gbit/s 直接封装技术：100Gbit/s 业务映射到 OTU4 中进行传输，可以被单波传送；100Gbit/s 反向封装技术：在 10Gbit/s 或 40Gbit/s 的波分网络中传送 100Gbit/s 业务。

网络的带宽管理器 NG WDM T-bit OTN，如图 3-58 所示。骨干层一般采用 40/80 波 × 40Gbit/s/100Gbit/s，区域网络一般采用 40 波 × 10Gbit/s，通过子波长业务调度，匹配层间容量差异。完全透明传送，适于开展 10GE/GE/2.5Gbit/s 等专线业务。

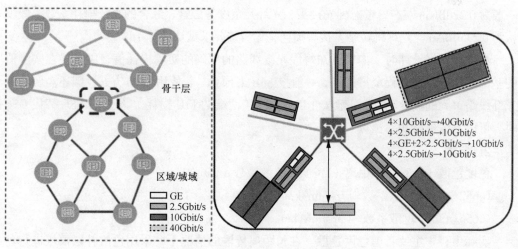

图 3-58 NG WDM T-bit OTN

总体而言，NG WDM 设备适用于高速率业务的调度，对业务进行整合，适用于骨干层与千兆路由器的完美结合，为全网 IP 化提供良好的支撑。

3.2.3 组网的基本要素

WDM 网络组网的基本要素：光功率、色散、光信噪比、非线性效应。

1. 光功率

光功率预算如图 3-59 所示。

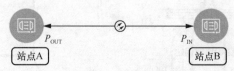

图 3-59 光功率预算

光纤损耗(dB)=输出功率(dBm)-输入功率(dBm)=距离(km)×a(dB/km)

在 1550nm 窗口，G.652 和 G.655 光纤损耗系数：a=0.22dB/km

光功率预算用于确定再生段距离。对光功率进行预算的过程实际上就是配置放大器的过程，要求发射端的光功率满足入纤功率的要求，接收端的光功率满足接收机工作的范围。在 DWDM 系统中，线路光纤、光模块以及光器件等引入的功率损耗需要通过光纤放大器（掺铒光纤放大器或拉曼光纤放大器）进行功率补偿。在设计网络时，设计人员应该在计算整个链路的光纤损耗并考虑系统余量（工程没有特殊要求时考虑 3dB 余量）的情况下，先配置放大器，然后再根据色散补偿模块的配置情况进行适当调整。

光纤的损耗系数应该以实际工程中的测试值为准。

如果损耗系数使用精确值，则线路功率冗余一般取 3dB，此时已包括 FIU 单板的插损。根据 ITU-T 的建议，工程设计中的光纤损耗系数一般取 0.275dB/km。光信号的长距离传输要求信号功率足以抵消光纤的损耗，普通 G.652、G.655 光纤在 1550nm 窗口的损耗系数一般为 0.22dB/km 左右，考虑到光接头、光纤冗余度等因素，综合的光纤损耗系数一般默认为 0.275dB/km。光纤跳转站点接头损耗，无特殊要求默认选择 1dB。

在进行网络设计时，如果已知每段光缆线路的准确的实际损耗值，则直接在实测值的基础上加上系统工程余量即可，一般按 3dB 来预算。若使用 OSC 方式，则还需要考虑光纤线路单元的额外功率，一般按 1dB 来预算（两端的 FIU 损耗）。若使用 ESC 替代 OSC 时，可以不考虑此功率预算。

2. 色散

色度色散（ps/nm）=距离（km）× 色散系数（ps/nm·km）

G.652 光纤：色散系数=17ps/nm·km

G.655 光纤：色散系数=4.5ps/nm·km

实际工程中主要考虑色度色散。在长距离传输的情况下，采用色散补偿模块进行色散补偿。

在没有色散补偿的情况下，每一个再生中继段都应该小于色散受限距离。

如果再生段大于色散受限距离，则应该进行色散补偿。

色散受限距离（km）=色散容限（ps/nm）/色散系数（ps/nm·km），色散容限值取决于激光器（光源），不同速率、不同质量的光源有不同的色散容限值。色散系数取决于光纤。

目前，现网通常采用对应 G.652（SMF）光纤和 G.655（LEAF/TRUEWAVE）光纤的两种类型的 DCM 模块。

G.652 单模光纤（SMF）的典型色散系数为 17ps/nm·km，但是在将 OTU 色散容限转换为色散受限距离时需取光纤的色散系数值 20ps/nm·km。

G.655 单模光纤的典型色散系数为 4.5ps/nm·km，但是在将 OTU 色散容限转换为色散受限距离时需取光纤的色散系数值 6ps/nm·km。

3. 光信噪比

OSNR（光信噪比）是衡量 DWDM 系统性能最重要的指标。OSNR 是指传输链路中的信号光功率与噪声光功率的比值，通常用 dB 表示。

$$\text{OSNR (dB)}=10 \times \lg[P_{信号}(\text{mW})/P_{噪声}(\text{mW})]=P_{信号}(\text{dBm})-P_{噪声}(\text{dBm})$$

当光信噪比降低到一定程度后将严重危害系统的性能。对于多个级联线路光纤放大器的 DWDM 系统，采用光纤放大器对线路损耗进行功率补偿，会引入放大器辐射噪声，而噪声的光功率主要来自放大器自发辐射噪声的累积，进而引起光信噪比降低，使传输性能劣化。

根据 ITU–T 的定义，计算光信噪比时所采用的信号功率为 0.8nm 带宽内的信号总功率（40 波系统），噪声功率为 0.1nm 带宽内的噪声总功率。

在 WDM 系统中，光信噪比的降低主要是因为各个光放单元会引入 ASE（放大自发辐射）噪声。线路上引入的噪声在规划时可以忽略。

在光线路上，信号和噪声的光功率都会由于光纤的衰减而降低。

如图 3–60 所示，各个光放引入的噪声相同，但经过第一级光放后信噪比下降最大。

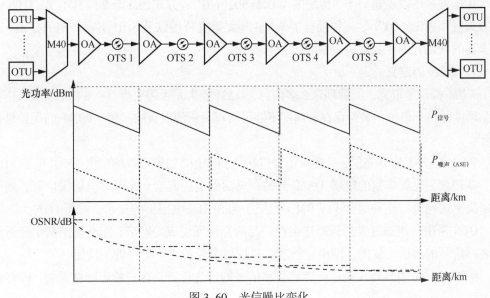

图 3–60　光信噪比变化

4．非线性效应

非线性效应是指在强光作用下由于介质的非线性极化而产生的效应，其中包括光学谐波、倍频、受激拉曼散射、双光子吸收、饱和吸收、自聚焦、自散焦等。

从本质上讲，所有介质都是非线性的，只是一般情况下非线性特征不明显，难以表现出来。当光纤的入纤功率不大时，光纤呈现线性特征，当光纤放大器和高功率激光器在光纤通信系统中使用后，光纤的非线性特征愈来愈显著。主要原因是在单模光纤内的光信号被约束在模场内，而单模光纤有效面积非常小（如 G.652 光纤的有效面积大约为 $80\,\mu\text{m}^2$），因而光功率密度非常高；同时，单模光纤低损耗又使得高光功率可以维持很长的传输距离。

因此，非线性效应与光功率密切相关。为防止非线性效应，光纤上的总光功率应小于 20dBm（单波光功率小于 4dBm）。

对非线性效应的抑制方法：使用大有效面积光纤作为传输媒质；控制信号光功率；良好的色散管理；先进的光源技术。

Super WDM 技术可以在传输系统中抑制非线性效应。

3.3　OTN 的原理与协议

3.3.1　OTN 的概念

随着网络 IP 化进程的不断推进，传送网组网方式开始由点到点、环网向网状网发展，网络边缘趋向于传送网与业务网融合，网络的垂直结构趋向于扁平化发展。

在这种网络发展趋势下，传统的 WDM+SDH 的传送方式已逐渐暴露其不足，OTN 组网方式脱颖而出。OTN 是一种融合了 WDM 超大带宽特性以及 SDH 丰富开销的技术，这些丰富的开销有助于我们进行故障定位与处理。

1．OTN 的定义

WDM 提高了带宽，但管理这么多信息，OAM 能力是否需要提升？WDM 以波长作为信息调度的最小单位，是否存在着调度不够灵活以及资源浪费的问题？WDM 的保护是否完善？

WDM 主要工作在光层，对接入信号进行透明传送。如果可以增加电层，并借鉴 SDH 的一些理念，比如丰富的电层 OAM 开销、灵活的电层调度、完善的电层保护等，则可以解决上述问题。这种结合了 WDM（光层）与 SDH（电层）的技术，就是 OTN。

OTN 是由一组通过光纤链路连接在一起的光网元组成的网络，能够提供基于光通道的客户信号的传送、复用、路由、管理、监控以及保护（可生存性）功能。

OTN 的一个明显特征是任何客户数字信号的传送设置与客户特定特性无关，即客户无关性。

OTN 采用光电结合的网络技术，并不是新提出的概念，多年来 ITU-T 已经制定了一系列关于 OTN 的行业标准（如 G.709、G.805、G.806、G.798、G.874、G.693、G.872 等），为 OTN 取代传统的 WDM+SDH 组网与 IP 网络融合推广奠定了坚实的基础。

OTN 技术是在 SDH 和 WDM 技术的基础上发展起来的，兼有两种技术的优点。

2. OTN 的特点

OTN 是 ITU-T 在"先标准，后实现"的理想标准的思路下构建起来的，因此 OTN 有效地避免了不同厂商在具体实现差异方面引发的争议，在理论架构上更加合理、清晰。相对于 SDH 和传统的 WDM，OTN 具有以下优势。

（1）大颗粒业务传送

OTN 设备单个波长可支持 40Gbit/s、100Gbit/s、200Gbit/s 的传输速率，实现大容量传输，符合 IP 网络大颗粒化的发展趋势。

（2）支持多业务传送

OTN 设备支持支、线路分离的业务接入，可提高业务接入的灵活性，支持多业务，如 SDH、Ethernet、IP/MPLS 和 SAN 等业务接入。

（3）强大的 OAM 功能

OTN 有自己特有的帧结构，其丰富的开销对信号在传输过程中执行 OAM 功能，如 SM（段监控）、PM（通道监控）和 TCMi（串联监控）等开销对业务信号进行层层监控。

（4）灵活的组网方式

与传统的 WDM 技术相比，OTN 提供灵活的组网方式，可构成多环、网格形和星形等网络。城域网需要的组网模式，适合城域网新业务的开拓及业务频繁调整的情况。

（5）节约网络建设和运营成本

目前，业务网结构多为汇聚模式，在传送网上大量采用 ROADM 设备，应用其阻塞波长技术减少无业务节点的光电光转换，降低传输成本，实现业务的透明传输，从而节约网络建设成本。ROADM 支持远程配置功能，在发展波长出租业务、网络调整时无须到现场手工进行跳纤工作，从而减少系统维护工作量，节约运营维护成本。

3. OTN 标准体系

OTN 标准体系包括一系列协议，涉及设备管理、抖动和性能、网络保护、结构与映射、物理层特征和架构，如图 3-61 所示。

G.874：主要涉及光传送网元的管理特性，描述了 OTN 中一个或多个网络层的 OTN 网元及其传送功能的管理特性。

G.798：主要涉及光传送网体系设备功能块特征，规定了网元设备内光传送网络的功能性要求。

G.709：主要涉及光传送网接口，定义了光传送网络 n 阶光传送模块（OTM-n）信号的需求，其中包括光网络传送体系（OTH）、支持多波长光网络开销的功能、帧结构、比特速率、用于映射客户信号的格式。

G.872：主要涉及光传送网络的架构，给出了光传送网分层结构、特征信息、客户/

服务层之间的关系、网络拓扑和层网络方面的功能描述。

OTN	设备管理	G.874	光传送网元的管理特性
		G.874.1	光传送网（OTN）网元角度的协议中立管理信息模型
	抖动和性能	G.8251	光传送网络（OTN）内抖动和漂移的控制
		G.8201	光传送网络（OTN）内部多运营商国际通道的误码性能参数和指标
	网络保护	G.873.1	光传送网（OTN）：线性保护
		G.873.2	光传送网（OTN）：环形保护
	设备功能特征	G.798	光传送网络体系设备功能块特征
		G.806	传送设备特征描述方法和一般功能
	结构与映射	G.709	光传送网接口（OTN）
		G.7041	通用成帧规程（GFP）
		G.7042	虚级联信号的链路容量调整机制（LCAS）
	物理层特征	G.959.1	光传送网络的物理层接口
		G.693	用于局内系统的光接口
		G.664	光传送系统的光安全规程和需求
	架构	G.872	光传送网络的架构
		G.8080	自动交换光网络（ASON）的架构

图 3-61　OTN 标准体系

3.3.2　OTN 接口结构和复用映射关系

1. OTN 电层结构

OTN 电层结构如图 3-62 所示。

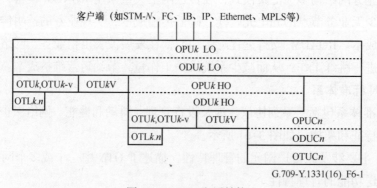

G.709-Y.1331(16)_F6-1

图 3-62　OTN 电层结构

OPUk/Cn：光信道净荷单元 k/Cn；

ODUk/Cn：光信道数据单元 k/Cn；

OTUk/Cn：完全标准化光信道传送单元；

OTUkV：功能标准化光信道传送单元；

OTUk-v：客户自定义 FEC（前向纠错）的光传送单元；

OTL*k.n*：多条光传送通道承载一个 OTU*k*；

OTLC.*n*：多条光传送通道承载一个 OTUC*n*；

ODU*k* LO：低阶 ODU*k*；

ODU*k* HO：高阶 ODU*k*。

OTU*k* 信号由 4 行帧的 4080 列组成，其中包括 256 列 FEC，*k* 值可以取 1、2、3 和 4，代表速率分别为 2.5Gbit/s、10Gbit/s、40Gbit/s 和 100Gbit/s。

OTUC*n* 信号由 *n* 个交织的 3824 列 4 行帧组成，不包括 FEC 区域，*n* 可取值 2、4 等，分别代表 200Gbit/s、400Gbit/s。OTUC*n* 信号的 FEC 是接口特定的，不在 OTUC*n* 定义之内。

OTU*k* 包括 ODU*k* 和 OPU*k* 两个单元。OTU*k* 和 ODU*k* 完成数字段和通道层的功能。OTUC*n* 包含一个 ODUC*n*，ODUC*n* 包含一个 OPUC*n*。OTUC*n* 及 ODUC*n* 只起到数字段层的作用。

OTU*k* 或 OTU*k*–v 和 OTU*k*V 为 OTN 中 3R 中继点之间的传送提供监视和调节信号。

ODU*k* 提供：串接连接监视；端到端路径监控；通过 OPU*k* 适配客户信号；客户侧 ODU*k* 信号通过 OPU*k* 适配。

2. OTN 光层结构

OTN 光层结构如图 3–63 所示。

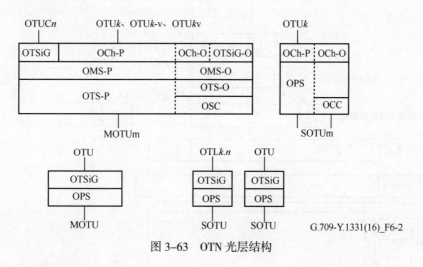

图 3–63 OTN 光层结构

OTSi：光支路信号

OTSiA：光支路信号集

OTSiG：光支路信号组

OTSiG–O：携带管理开销的光支路信号组

OCC：开销通信通道

SOTU：单 OTU

SOTUm：携带管理开销的单 OTU

MOTU：OTU 组

MOTUm：带管理开销的 OTU 组

OSC：光监控通道

OPS：光物理段

OMS：光复用段

OTS：光传输段

OCH：光通道

OTN 光层结构包括两类光接口：单光传送单元接口（SOTUm）和多光传送单元接口（MOTUm）。

这些接口可以支持光层开销，这些开销可以在 OSC、开销通信网络（OCN）提供的开销通信信道（OCC）或替代通信信道中传送。这些接口若支持 OCh-O 或 OTSiG-O 的接口，则可支持在 OCh 或 OTSiA 信号的光层中进行倒换，这些光层信号在 3R 再生点之间承载一个光传输单元信号。这些接口若是支持 OTS-O 和 OMS-O 的接口，则也支持在光层交换点之间部署直路光放。

3. OTN 接口信息结构

MOTUm 接口主要信息包含关系如图 3-64 所示。

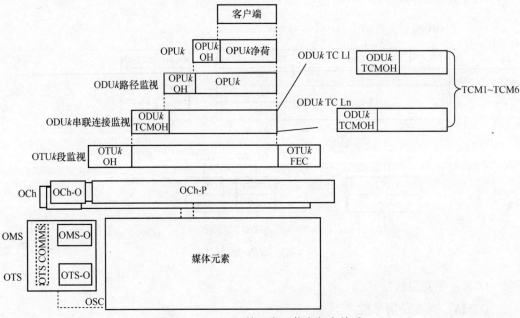

图 3-64　MOTUm 接口主要信息包含关系

在光层开销的 OTN 接口上，为了达到该接口监控的目的，每终结一个 OCh 信号，就会终结一个 OTUk/OTUk-v/OTUkV 信号；而该接口上的 OTSiA 信号被终结时，连带的 OTUCn 信号可能也被终结。对于无光层开销的 OTN 接口，为了达到监控的目的，在接口信号被终结时，OTUk/OTUk-v/OTUkV 和 OTUCn 信号就会被终结。

超 100Gbit/s 的 MOTUm 接口的主要信息包含关系如图 3-65 所示。

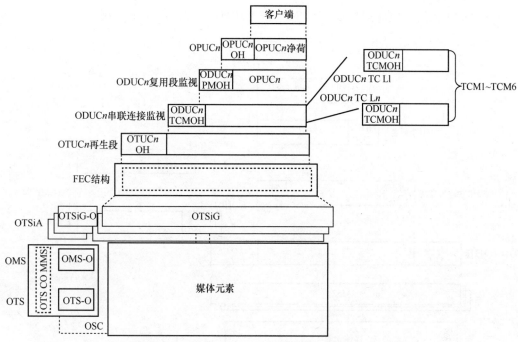

图 3-65　超 100Gbit/s 的 MOTUm 接口的主要信息包含关系

　　SOTU 接口的主要信息包含关系如图 3-66 所示。n 个 OTSi 在 OPS-P（光物理段保护）中通过波分复用汇聚成 n 个频隙，通过多通道 SOTU 接口传输。

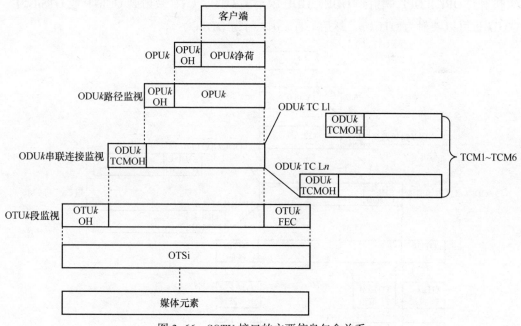

图 3-66　SOTU 接口的主要信息包含关系

　　MOTU 接口的主要信息包含关系如图 3-67 所示。对于 MOTUm 接口，OSC 通过波分复用方式到 MOTUm 接口中。最多 n（$n \geqslant 1$）个 OCh-P/OTSiG 通过波分复用方式复用到一个 OMSP（光复用段保护）或 OPS 中，通过 MOTUm 接口或 MOTU 接口传送。

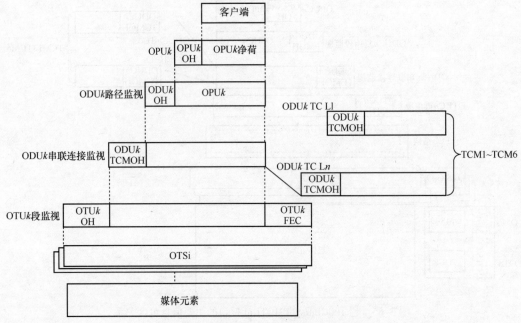

图 3-67   MOTU 接口的主要信息包含关系

多载波 SOTU 接口的主要信息包含关系如图 3-68 所示。客户信号或光数据支路单元组映射到 OPU，OPU 映射到 ODU，ODU 映射到 OTU，OTU 映射到 OCh-P 或 OTSiG 中。OTUk 也可以映射为 OTL$k.n$，然后 OTL$k.n$ 映射为 OTSiG。

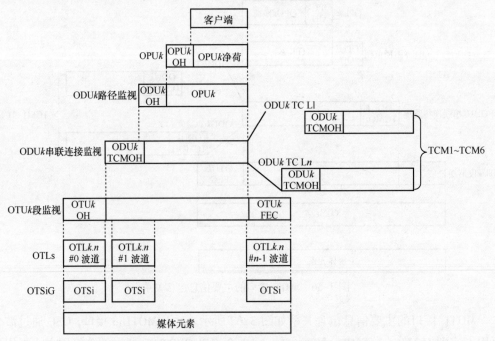

图 3-68   多载波 SOTU 接口的主要信息包含关系

SOTUm 接口的主要信息包含关系如图 3-69 所示。

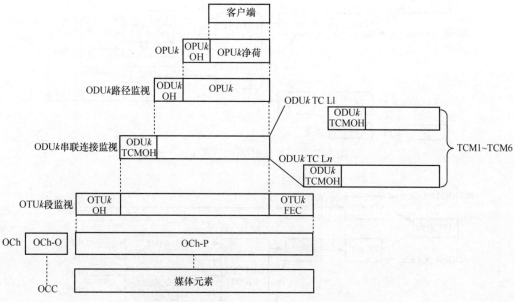

图 3-69　SOTUm 接口的主要信息包含关系

4. OTN 映射/复用原理

OTN 映射/复用原理如图 3-70 ~ 图 3-74 所示。客户信号或光信道数据单元支路单元群（ODTUGk）首先被映射至 OPUk，然后 OPUk 被映射到 ODUk，再被映射到 OTUkV，OTUkV 被映射到光通道（OCH[n]），OCH[n]被调制到简化光信道载波（OCC[n]），最后完成 OTM-$nr.m$ 信号。需注意，因客户信号速率可变，在 ODUflex 时分复用到 OTUGk 时，需除以传送信号所需的时间，从而得到相应的 ODTUk，然后得到 ODTUGk。

ODTU01：$(1904+1/8)/3824 \times$ ODU1 bit rate

ODTU13：$(238+1/64)/3824 \times$ ODU3 bit rate

ODTU23：$(952+4/64)/3824 \times$ ODU3 bit rate

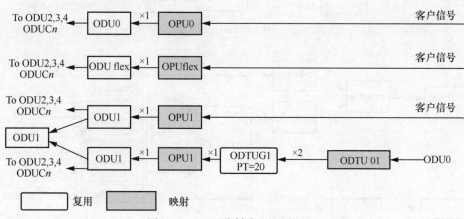

图 3-70　OTN 映射/复用原理（1）

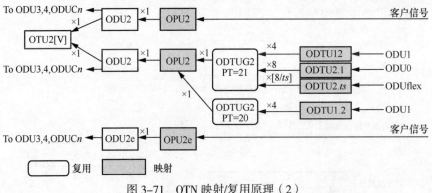

图 3-71　OTN 映射/复用原理（2）

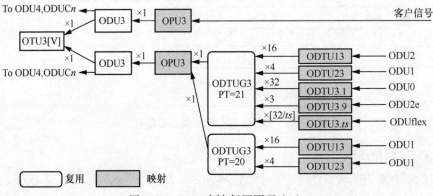

图 3-72　OTN 映射/复用原理（3）

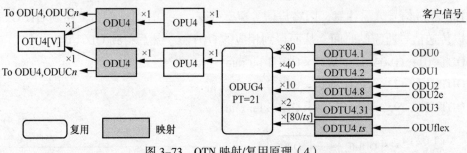

图 3-73　OTN 映射/复用原理（4）

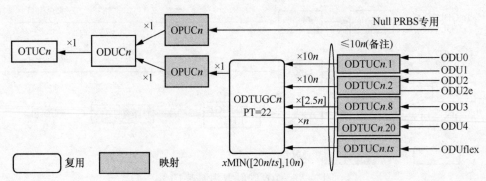

图 3-74　OTN 映射/复用原理（5）

5. 码速和容量

OTU 的标称速率约为：2666057.143kbit/s（OTU1）、10709225.316kbit/s（OTU2）、43018413.559kbit/s（OTU3）、111809973.568kbit/s（OTU4）和 $n \times 105258138.053$kbit/s（OTUCn），其中 n 表示波长编号。

OTU0、OTU2e 和 OTUflex 不在本协议中定义。ODU0 信号通过 ODU1、ODU2、ODU3、ODU4 或 ODUCn 信号传输，ODU2e 信号通过 ODU3、ODU4 和 ODUCn 信号传输，ODUflex 信号通过 ODU2、ODU3 信号传输。

OTUk（k=1、2、3、4）信号比特率包括 FEC 开销区域的比特率。OTUCn 信号速率不包含 FEC 开销区域的比特率。

OTUk 速率计算方法如下。

OTUk 帧的大小是固定的，即无论是 OTU1、OTU2，还是 OTU4，都是 4 行 4080 列。对于 OTU1 帧，第 1～16 列为 OTU1、ODU1、OPU1 开销，第 17～3824 列共 3808 列为客户信号。第 3825～4080 列共 256 列为 FEC 区域，其他部分即 1～3824 列为 ODU 部分，则 OTUk 和 ODUk 的速率比例为 255:239。

ODUk 和 OPUk payload 部分的速率之比为 239:238。而 OTU1/2/3/4 与对应基准速率的比例为 238/237/236/227 的因子关系。

标称 OTU1 帧速率=255/238 × 2488320kbit/s。

标称 OTU2 帧速率=255/237 × 9953280kbit/s。

标称 OTU3 帧速率=255/236 × 39813120kbit/s。

对 OTU1/2/3 帧速率进行归纳，可以得出以下结论：OTUk 速率=255/(239−k) × STM−N 帧速率，详情见表 3−4。

表 3−4　OTUk 帧速率

OTU 类型	标称 OTU 帧速率	OTU 比特率容差
OTU1	255/238 × 2488320kbit/s	
OTU2	255/237 × 9953280kbit/s	
OTU3	255/236 × 39813120kbit/s	$\pm 20 \times 10^{-6}$
OTU4	255/227 × 99532800kbit/s	
OTUCn	$n \times$ 239/226 × 99532800kbit/s	

ODUk 的速率近似为：

2498775.126kbit/s（ODU1）；

10037273.924kbit/s（ODU2）；

40319218.983kbit/s（ODU3）；

10399525.316kbit/s（ODU2e）；

104794445.815kbit/s（ODU4）；

$n \times 105258138.053$kbit/s（ODUCn）。

ODU 类型及帧速率见表 3−5。

表 3-5　ODUk 帧速率

ODU 类型	标称 ODU 帧速率	ODU 比特率容差
ODU0	1244160kbit/s	
ODU1	$239/238 \times 2488320$kbit/s	
ODU2	$239/237 \times 9953280$kbit/s	
ODU3	$239/236 \times 39813120$kbit/s	$\pm 20 \times 10^{-6}$
ODU4	$239/227 \times 99532800$kbit/s	
ODUCn	$n \times 239/226 \times 99532800$kbit/s	
ODU2e	$239/237 \times 10312500$kbit/s	
ODUflex（CBR）	$239/238 \times$ 客户侧信号速率	
ODUflex（GFP-F）	配置码率	$\pm 100 \times 10^{-6}$
ODUflex（IMP）	$s \times 239/238 \times 5156250$kbit/s（$s=2$、8、$n \times 5$，$n \geqslant 1$）	
ODUflex（FlexE-aware）	$103125000 \times 240/238 \times n/20$kbit/s（$n= n1+n2+\cdots\cdots+np$，$p$ 个 FlexE Client）	

ODUk 帧速率计算公式：ODUk 速率$= 239/(239-k) \times$ STM-N帧速率

ODUk 帧与 OTUk 帧相比，少了 FEC 区域的 256 列，采用与 OTUk 帧速率相同的推算方法，可以得到表 3-5 所示的 ODUk 的帧速率。其中 ODUflex（GFP-F）信号的速率定义比较特殊，不同的应用场景有不同的速率，在这里我们不做讲解。另外，ODU2e 和 ODUflex（CBR）的比特率容差为 $\pm 100 \times 10^{-6}$。

OPUk 的速率近似为：

1238954.310kbit/s（OPU0 净荷）；

2488320.000kbit/s（OPU1 净荷）；

9995276.962kbit/s（OPU2 净荷）；

40150519.322kbit/s（OPU3 净荷）；

OPUk-Xv 为 OPUk 的虚级联，x 可为 1 ~ 256，其速率相当于对应的 OPUk 帧的 x 倍。

OPU2e 和 OPUflex（CBR）的比特率容差和其他的信号不同，为 $\pm 100 \times 10^{-6}$。详情见表 3-6。

表 3-6　OPU 类型及速率

OPU 类型	OPU 净荷标称帧速率	OPU 比特率容差
OPU0	$238/239 \times 1244160$kbit/s	
OPU1	2488320kbit/s	
OPU2	$238/237 \times 9953280$kbit/s	$\pm 20 \times 10^{-6}$
OPU3	$238/236 \times 39813120$kbit/s	
OPU4	$238/227 \times 99532800$kbit/s	
OPUCn	$n \times 238/226 \times 99532800$kbit/s	

OPU 类型	OPU 净荷标称帧速率	OPU 比特率容差
OPU2e	$238/237 \times 10312500\text{kbit/s}$	$\pm 100 \times 10^{-6}$
OPUflex（CBR）	客户信号比特速率	最大 $\pm 100 \times 10^{-6}$
OPUflex（GFP-F）	$238/239 \times \text{ODUflex signal rate}$	$\pm 100 \times 10^{-6}$
OPUflex（IMP）	$s \times 5156250\text{kbit/s}$（$s=2$、8、$n \times 5$，$n \geqslant 1$）	$\pm 100 \times 10^{-6}$
OPUflex（FlexE-aware）	$103125000 \times 240/239 \times n/20\text{kbit/s}$（$n=n1+n2+\cdots\cdots+np$，$p$ 个 FlexE Client)	$\pm 100 \times 10^{-6}$

6. OTU/ODU/OPU 帧周期

OTUk 帧的大小是固定的，无论是 OTU1、OTU2、OTU3 还是 OTU4，都是 4 行 4080 列。将已知的信号帧速率代入下面的公式：信号字节数/信号的帧速率=信号的帧周期，进行计算，我们可以得到不同速率级别信号的帧周期，详见表 3-7。

表 3-7　不同速率级别信号的帧周期

OTU/ODU/OPU 类型	帧周期
ODU0/OPU0	98.354 μs
OTU1/ODU1/OPU1	48.971 μs
OTU2/ODU2/OPU2	12.191 μs
OTU3/ODU3/OPU3	3.035 μs
OTU4/ODU4/OPU4	1.168 μs
OTUCn/ODUCn/OPUCn	1.163 μs
ODU2e/OPU2e	11.767 μs
ODUflex/OPUflex	CBR 客户信号：121856/客户侧信号速率
	GFP-F 映射的客户信号：122368/ODUflex 速率
	IMP 映射的客户信号：122368/ODUflex 速率
	FlexE-aware 客户信号：122368/ODUflex 速率

这里所列举的帧周期只是一个近似值，精确到小数点后 3 位

ODUflex/OPUflex 信号帧周期计算的方法比较特殊，和其他的信号不一样。

7. ODU1 复用到 ODU2 的过程

4 路 ODU1 信号经 ODTUG2 复用到 OPU2 信号（PT=20）：ODU1 信号经过帧对齐开销扩展，通过调整开销（JOH）异步映射到光数据支路单元 1（ODTU12）。4 路 ODTU12 信号时分复用到净荷类型为 20 的 ODTUG2 中，映射到 OPU2，如图 3-75 所示。

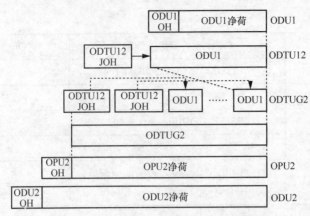

图 3-75   ODU1 复用到 ODU2 的过程

8. ODU0 ~ ODU4 及 ODUflex 复用到 ODUCn 的过程

图 3-76 中展示了最多 10n 路 ODU0 信号和/或最多 10n 路 ODU1 信号和/或最多 10n 路 ODU2 信号和/或最多 10n 路 ODU2e 信号和/或最多 10n 路 ODU3 信号和/或最多 n 路 ODU4 信号和/或最多 10n 路 ODUflex 信号通过 ODTUGCn(PT=22)转换成 OPUCn 信号。

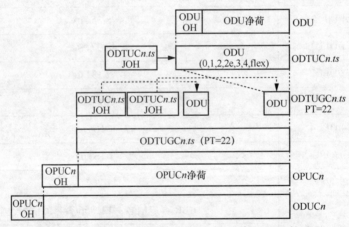

图 3-76   ODU0 ~ ODU4 及 ODUflex 复用到 ODUCn 的过程

ODUk 信号经过帧对齐开销扩展后异步映射到 ODTUC$n.ts$ （<k, ts>=<0,1>、<1,1>、<2,2>、<2e,2>、<3,8>、<4,20>、<flex,ts>），使用调整开销（JOH），最多 10n 路 ODTUCn.1 信号、最多 10n 路 ODTUCn.2 信号、最多 2.5n 路 ODTUCn.8 信号、最多 n 路 ODTUCn.10 信号和最多 10n 路 ODTUC$n.ts$ 信号时分复用到净荷类型为 22 的光数据支路单元组 ODTUGC$n.ts$ 中，ODTUGC$n.ts$ 信号再映射到 OPUCn 中。

3.3.3   OTN 帧结构

1. OTN 信号帧结构

OTUk（k=1、2、3、4）帧是基于字节的 4 行 4080 列的块状结构。如图 3-77 所示，第 15 ～ 3824 列为 OPUk 单元，其中第 15 和 16 列为 OPUk 开销区域，第 17 ～ 3824 列为 OPUk 净荷区域，客户信号位于 OPUk 净荷区域；而 ODUk 则为 4 行 3824 列的块状结构，由 ODUk 开销和 OPUk 组成，其中左下角第 2 ～ 4 行的第 1 ～ 14 列为 ODUk 开销区域，第 1 行的第 1 ～ 7 列为帧对齐开销区域，位于帧头，第 1 行的第 8 ～ 14 列为全 0；第 1 行的第 8 ～ 14 列为 OTUk 开销区域，帧的右侧第 3825 ～ 4080 共 256 列为 FEC 区域；OTU1/2/3/4 所对应的客户信号速率分别为 2.5Gbit/s、10Gbit/s、40Gbit/s、100Gbit/s。各级别的 OTUk 的帧结构相同，级别越高，则帧频率和速率也就越高。

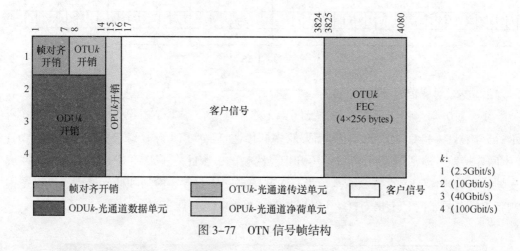

图 3-77　OTN 信号帧结构

2. OTUCn 信号帧结构

OTUCn 帧结构基于 ODUCn 帧结构，将 ODUCn 开销中每个 ODU 帧结构的第 1 行第 8 ～ 14 列中预留的开销字节部署到 OTUCn 特定开销中，从而形成具有 N 个 4 行和 3824 列的基于 8 位位组的块框架结构。每个字节的最高位为 bit1，最低位为 bit8，如图 3-78 所示。

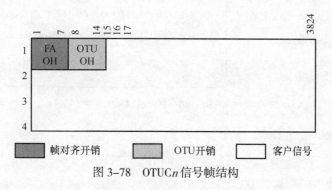

图 3-78　OTUCn 信号帧结构

3.3.4　OTN 电层开销

1. 帧对齐信号（FAS）

帧对齐信号用于信号帧对齐，由 6 个字节组成：OA1 OA1 OA1 OA2 OA2 OA2，OA1

固定为"11110110"，OA2 固定为"00101000"。OTN 支持 FAS 检测和插入处理，当检测到 FAS 异常时，上报 OTUk_LOF 或 ODUk_LOFLOM 告警，详情如图 3-79 所示。

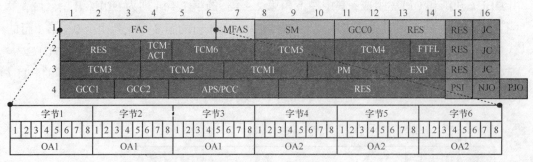

图 3-79 FAS 结构

2. 复帧对齐信号（MFAS）

复帧对齐信号用于复帧对齐，长度为 1 个字节，位于第 1 行第 7 列，如图 3-80 所示；部分 OTUk 和 ODUk 开销信号需要跨多帧传递，例如 TTI（路径踪迹标识）和 TCM ACT（串联连接监控激活/去激活协议）等开销是跨帧的，因此除了 FAS 外，需要 MFAS 实现多帧对齐处理。OTN 支持 256 基帧为一个复帧，支持 MFAS 检测和插入处理，当设备检测到 MFAS 异常时，上报 OTUk_LOM 或 ODUk_LOFLOM 告警。

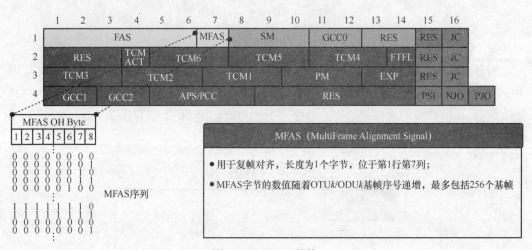

图 3-80 MFAS 结构

3. OTUk 段监控开销——TTI

TTI 通过 OTUk 复帧传递，每复帧传递 4 次。TTI 是一个 64 字节的字符串，64 字节的字节 0 在复帧中的位置为 0000 0000（0x00），0100 0000（0x40）、1000 0000（0x80）和 1100 0000（0xC0）。段监控支持 TTI 设置、检测和插入处理，提供 TIM 模式设置选择（模式设置选项有：仅 SAPI、仅 DAPI、SAP&DAPI、不检测）。当设置的 TIM 模式为"仅 SAPI""仅 DAPI"或"SAPI&DAPI"之一，且检测到 TTI 异常时，上报 OTUk_TIM 告警，如图 3-81 所示。

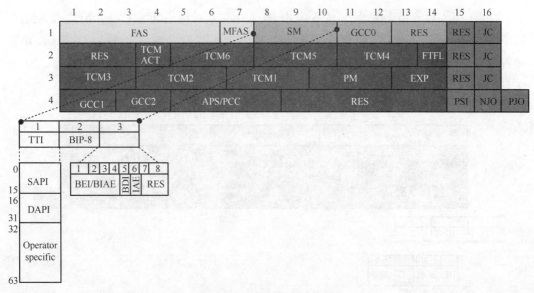

图 3-81 OTU*k* 段监控开销

BIP-8（比特间插奇偶校验 8 位码）用于段监控的误码监测。OTN 段监控支持 BIP-8 检测和插入处理，并提供 OTU*k* 误码性能监控、OTU*k*_DEG 和 OTU*k*_EXC 告警上报。发端采用比特间插偶校验编码，计算第 *i* 个 OTU*k* 帧中 OPU*k*（15~3824 列）比特，并将计算结果插入第 *i*+2 个 OTU*k* 帧中 BIP-8 的位置。收端采用比特间插偶校验编码，再次计算第 *i* 个 OTU*k* 帧中 OPU*k*（15~3824 列）比特，然后将计算结果和第 *i*+2 个 OTU*k* 帧中 BIP-8 位置的数值进行异或计算，即可得到误码块数量，从而判断误码率。BIP-8 编码如图 3-82 所示。

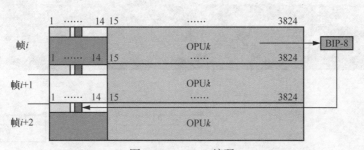

图 3-82 BIP-8 编码

BEI/BIAE（后向误码指示/后向引入对齐错误）：向上游方向传递经过 OTU*k* 段监视端中检测到的比特间插误码块计数，并向上游引入对齐错误状态；占 4 比特，"1011" 表示后向引入对齐错误，"0000 至 1000" 表示后向误码计数；支持 BEI/BIAE 检测和插入处理；提供 OTU*k* 误码性能监控、OTU*k*_BIAES 性能监控功能。

BDI（后向缺陷指示信号）：占 1 比特，用于段监视，向上游方向传递在段终结宿中检测到的信号失效状态。BDI 被置为 "1" 表示有 OTU*k* 后向缺陷，反之被置位 "0"。其支持 BDI 检测和插入处理，检测到 BDI 异常时，上报 OTU*k*_BDI 告警。

IAE（引入对齐错误信号）：使 S-CMEPa 入口端点可以通知 S-CMEP 出口点，检测到了引入信号的对齐错误。当段入口端点的 OTUk 帧相位变化时会出现帧对齐错误。IAE 被置为"1"表示有帧对齐错误，反之被置为"0"。其支持 IAE 检测和插入处理，提供 OTUk_IAES 性能监控，如图 3-83 所示。

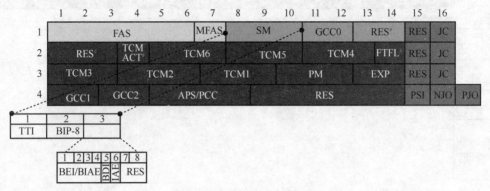

图 3-83   引入对齐错误信号

4. OTUk 通用通信通道（GCC）/保留字节（RES）

通用通信通道 0（GCC0）：占用 2 字节，提供两个 OTUk 终结点之间的通用通信通道，用于 DCN（数据通信网络）通信。

RES（Reserved）：保留字节。

GCC0/RES 示意如图 3-84 所示。

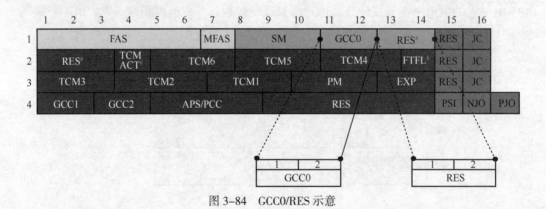

图 3-84   GCC0/RES 示意

5. ODUk 通道监控（PM）开销

（1）TTI/BIP-8/BEI/BDI

这几部分支持通道监控，其定义和作用与 OTUk SM 开销中的相应部分相同，只是监控级别不同，另外 BEI 字段不同时具备 SM 中的 BIAE 开销功能。TTI/BIP-8/BEI/BDI/STAT 示意如图 3-85 所示。

TTI 相关告警：ODUk_PM_TIM；

BIP-8 相关告警：ODUk_PM_DEG、ODUk_PM_EXC。

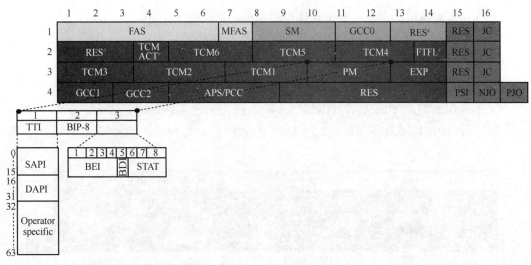

图 3-85　TTI/BIP-8/BEI/BDI/STAT 示意

（2）STAT

STAT 字段是 PM 开销比 SM 开销多出的功能，用于 ODUk 通道级别的信号维护。

001 表示正常通道信号；

101 表示维护信号 ODUk-LCK（ODUk 被锁定）；

110 表示维护信号 ODUk-OCI（ODUk 开放连接指示）；

111 表示维护信号 ODUk-AIS（ODUk 全 1）。

6. ODUk 串联连接监视（TCM）开销

TCM ACT：TCM 激活/去激活协议通道，占用 1 字节，暂未使用。

TCM：有 6 个级别，每个 TCM 开销占 3 个字节，6 个 TCM 的开销含义相同，用法与 PM 类似。6 层 TCM 支持层叠、重叠和嵌套使用。TCM 及其他开销如图 3-86 所示。

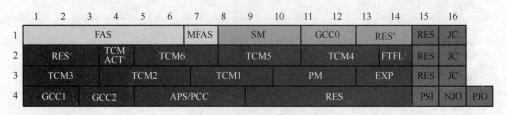

图 3-86　TCM 及其他开销

7. ODUk 其他开销（APS/PCC/FTFL/EXP/GCC1/GCC2）

APS/PCC：自动保护倒换/保护通信控制通道，提供保护倒换的信息传递，暂未使用。

FTFL：故障类型和故障位置上报通道，提供信号失效、信号劣化状态查询，提供 256 字节的故障类型和故障定位信息。256 字节 FTFL 分布在 256 个 ODUk 复帧中，字节 0~127 为前向区域，字节 128~255 为后向区域。字节 0 和字节 128 表示故障类型，不同的取值表示不同的故障，如 0000 0000 表示无故障，0000 0001 表示信号失效，0000 0010 表示信号劣化。

EXP：实验通道，用于实验，具体用途不受限于标准。

GCC1/GCC2：通用通信通道，各占用 2 字节，提供接入 ODUk 帧结构（即在 3R 再生点）的任意两个网元之间的通用通信通道，用于 DCN 通信。

8. OPUk 净荷结构标识符（PSI）

PSI 标识不同的 OPUk 信号组成，不同的取值表示不同的净荷类型，256 字节的 PSI 信号与 ODU 复帧对齐。PSI 如图 3-87 所示。

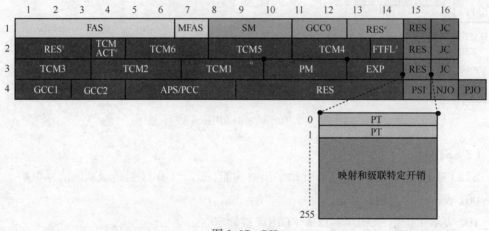

图 3-87　PSI

9. OPUk 净荷类型（PT）说明

OPUk 净荷类型（PT）说明见表 3-8。

表 3-8　OPUk 净荷类型（PT）说明

高 4 位	低 4 位	十六进制编码	说明
0000	0001	01	实验性映射
0000	0010	02	异步 CBR 映射
0000	0011	03	比特同步 CBR 映射
0000	0100	04	ATM 映射
0000	0101	05	GFP 映射
0000	0110	06	虚级联信号
0001	0000	10	使用字节定时映射的比特流
0001	0001	11	不使用字节定时映射的比特流
0010	0010	20	ODU 复用结构
0101	0101	55	不可用
0110	0110	66	不可用
1000	××××	80-8F	保留作为私有用途

续表

高 4 位	低 4 位	十六进制编码	说明
1111	1101	FD	NULL 测试信号映射
1111	1110	FE	PRBS 测试信号映射
1111	1111	FF	不可用

10. OTN 开销字节的演变

在 2019 年编译的 G.709 协议中，部分帧结构被重新定义。

第 1 行第 13 ~ 14 列，原为 RES 字节，最新被定义为 OSMC（OTN 同步信息通道）和 RES 字节，分别占用 1 个字节。为了实现同步，在 OTU 开销中定义一个字节作为 OSMC，在 SOTU 和 MOTU 接口中传送 SSM（同步状态消息）、eSSM（扩展同步状态信息）和 PTP（精确时间协议）消息。

第 2 行第 1 ~ 3 列，原为 RES 字节，最新被定义为 RES 字节和 PM and TCM 字节，分别占用 2 个字节和 1 个字节。PM and TCM 占用 8 位，包含 DMt1 ~ DMt6、DMp 和 RES 信息。DM 是 Delay Measurement，作为时延测试使用。ODU 路径监测定义了 1bit 的 DMp 信号，用来表示时延测量测试的开始。DMp 信号由一个常数（0 或 1）组成，在双向时延测量测试开始时被反转。路径时延测量的起点为 0→1→0000011111 或者 1→0→1111100000。DMp 信号的新值一直保持到下一次时延测量测试开始。

第 2 行第 14 列，原为 FTFL 子架，最新被定义为 EXP 字节。

OTN 开销字节如图 3-88 所示。

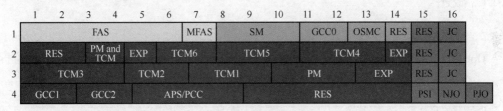

图 3-88　OTN 开销字节

3.3.5　OTN 技术的演进和发展

1. 传统 OTN 的特点

优点：综合承载硬隔离，业务之间互不影响；时延确定，可管、可控、可预测、可销售。

传统 OTN，在综合业务承载中面临的优势主要体现在：大带宽，业务之间硬管道隔离，业务之间互不影响；时延确定，可管、可控、可预测，针对不同时延要求的客户可进行销售，比如 OTN 1.25Gbit/s 设备时延<50μs，OTN 10Gbit/s 设备时延<40μs，OTN 100Gbit/s 设备时延<30μs。

缺点：管道弹性不足，管道最小传输速率为 1.25Gbit/s，连接数少；资源利用率不高，比如，100Mbit/s 用户接口映射到 ODU0，利用率仅为 10%；时延不够低，多级封装映射，时延体现无差异。

2. Liquid OTN——下一代 OTN 技术

下一代 OTN 技术的四大特征如下。

① 极简架构：SDH/ETH/OTN，3-in-1，空间减少 70%，能耗减少 50%。

② 泛在连接：单流 2Mbit/s ~ 100Gbit/s 全速率，单纤硬切片数为 480000。

③ 超低时延：1 ~ 3ms，60%封装简化，单站时延缩短 70%。

④ 灵活高效：带宽调整"0"损伤，100%带宽利用率。

3. 从 OTN 到 Liquid OTN，引领光传送网代际演进

传统 OTN 的优点可概括为：光纤复用，超大带宽，物理隔离，安全可靠。

MS-OTN 的优点可概括为：多种调度，统一承载，多种制式，刚柔并济。

Liquid OTN 的优点可概括为：统一调度，技术归一，更小颗粒，灵活高效。

4. 从 OTN 到 Liquid OTN，平滑演进

传统 OTN 在扩容 Liquid OTN 支线卡和扩容外挂式桥接交叉板后，演进到 Liquid OTN，此时为 Liquid OTN 与 OTN 共存；在支线卡均支持 Liquid OTN 后，进而平滑演进到全新的 Liquid OTN。

3.4 华为传送网产品

3.4.1 概述

1. OptiXtrans E9600 系列产品

OptiXtrans E9600 系列产品如图 3-89 所示。说明：OptiXtrans E9624 子架支持槽位拆分，一个 11U 槽位可以拆分成 2 个 5.5U 槽位使用。

指标　　型号	OptiXtrans E9605	OptiXtrans E9612	OptiXtrans E9624
产品外观	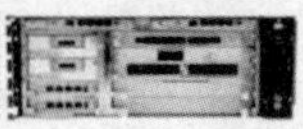		
子架尺寸	442mm（宽）×295mm（深）×177mm（高）	442mm（宽）×295mm（深）×347.2mm（高）	442mm（宽）×295mm（深）×747.2mm（高）
可插放业务板的最大槽位数	5个	13个	1:1模式：12个大槽位或24个小槽位 1:3模式：10个大槽位或20个小槽位

图 3-89　OptiXtrans E9600 系列产品

高集成度：业界最高集成度平台，1 柜 5 框（E9612），单柜最大可支持 256 路 100GE 接入，单 Gbit 功耗 0.33W，比业界平均水平低 35%。

全新光层：新频谱 Super C，最大 120 波，每波 50GHz；采用新速率 Super 200Gbit/s 方案，支持 200Gbit/s～800Gbit/s 多种速率可调；可调最大单纤容量为 48Tbit/s，60 波 × 800GHz（或 100GHz）。

光电融合：业界最强光电融合平台，光电多功能集成，使能站点简化机房，空间节省 2/3，显著降低站点成本。

2. OptiX OSN 9800 系列产品

OptiX OSN 9800 系列产品如图 3-90 所示。

型号 / 指标	OptiX OSN 9800 U16	OptiX OSN 9800 U32	OptiX OSN 9800 U64	OptiX OSN 9800 U32增强	OptiX OSN 9800 U64增强	OptiX OSN 9800 U32	OptiX OSN 9800通用型平台子架
产品外观							
子架尺寸	442mm（宽）×295mm（深）×847mm（高）（不带机柜）	498mm（宽）×295mm（深）×1900mm（高）（不带机柜）	600mm（宽）×600mm（深）×2200mm（高）（框柜一体）	498mm（宽）×295mm（深）×1900mm（高）（不带机柜）	600mm（宽）×600mm（深）×2200mm（高）（框柜一体）	96mm（宽）×315mm（深）×1390mm（高）（不带机柜）	442mm（宽）×295mm（深）×397mm（高）（不带机柜）
可插放业务板的最大槽位数	14个	32个	64个	32个	64个	32个	直流供电：16个 交流供电：15个

图 3-90 OptiX OSN 9800 系列产品

3. OptiXtrans E6600 系列产品

OptiXtrans E6600 系列产品外观如图 3-91 所示。

型号 / 指标	OptiXtrans E6608T	OptiXtrans E6608	OptiXtrans E6616
产品外观	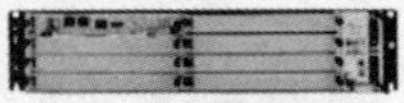	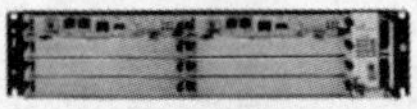	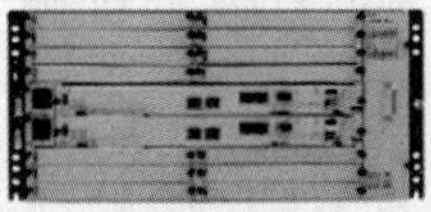
子架尺寸	442mm（宽）×220mm（深）×88.1mm（高）（不含挂耳）	442mm（宽）×220mm（深）×88.1mm（高）（不含挂耳）	442mm（宽）×220mm（深）×222mm（高）（不含挂耳）
可插放业务板的最大槽位数	直流机盒：7个 交流机盒：5个	直流机盒：6个 交流机盒：4个	直流机盒：14个 交流机盒：12个

图 3-91 OptiXtrans E6600 系列产品

OptiXtrans E6600 系列产品的亮点如下。

（1）融合极简

多业务接入统一承载，具有更多的业务连接、更高的带宽效率、更低的时延。

1.5Mbit/s～100Gbit/s 超宽业务接入，业务类型覆盖 PCM/PDH/SDH/OTN/PKT，满足行业丰富业务的需求。

（2）超大容量

OptiXtrans E6608 单子架支持最大 800Gbit/s OTN 容量、400Gbit/s 分组容量、40Gbit/s SDH 高阶容量和 5Gbit/s SDH 低阶容量。

OptiXtrans E6608 为 2U 高集成度设备，功耗低，绿色节能，可帮助客户降低 OPEX（运营成本）。

OptiXtrans E6616 单子架支持最大 2.8Tbit/s OTN 容量、140Gbit/s SDH 高阶和 20Gbit/s SDH 低阶容量。

OptiXtrans E6616 设备单槽位可达 200Gbit/s，支持 20 维 ROADM 调度。

（3）智能运维

性能实时可视，大数据分析网络健康状态，可实现被动运维向主动运维转变。SOM/FD 可实现光层可视化，在线实时监控。

其中，OptiXtrans E6608T 产品特点如下。

① 统一传送。从低速率业务到大带宽业务可全部封装到 OTN 帧格式中进行统一传送。

② 统一管理。使用统一网络管理系统，即可实现所有 SDH、WDM/OTN 设备统一管理和维护。

③ 简易部署。盒式设计，集成度高，方便任意地点的部署。

4. OptiXtrans E9600/E6600 产品定位

OptiX OSN 9800 主要应用于骨干/核心层，OptiXtrans E9600 主要应用于城域/汇聚层，如图 3-92 所示。OptiXtrans E9600 & OptiX OSN 9800 可以与 OptiX E6600/OptiX OSN 1800 组建完整的 OTN 端到端网络，统一管理。

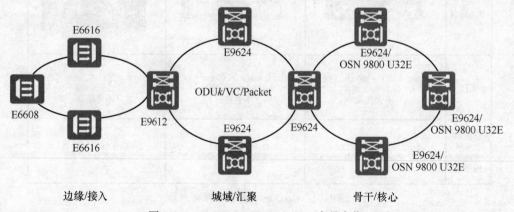

图 3-92　OptiXtrans E9600/E6600 产品定位

5. OptiXtrans DC908 产品定位

OptiXtrans DC908 是专为数据中心互联打造的光电一体化波分传输设备，具备极简（零基础，8min 开局）、超宽高集成（一纤 48Tbit/s，5 年不租纤）、智能（主动运维）三大特征。

OptiXtrans DC908 适用于数字化程度高的行业和企业的数据中心互联场景，如金融、教育、医疗、能源、交通、制造等。

产品亮点：超宽高集成、极简、智能、高安全性。

超宽：单对光纤容量为 48Tbit/s，可持续演进，提升单波容量，未来可升级支持 C+L 波段，实现 100 ~ 600Gbit/s 可编程。

高集成度：光电一体化，光层单板和电层单板同子架部署，空间可节省一半，兼容 IT 和 CT 机房条件，可与 IT 设备同柜部署；内置可编程 Muxponder 板，单槽位具有 1.2Tbit/s 大容量，单机框总容量大，可达 9.6Tbit/s。

极简连纤：N 合 1 光层单板，一块光层单板集成光放、合分波、分插复用、光监控、光谱分析多块传统光层单板功能，减少 90% 光层内部连纤；连体光纤，节省 50% 连纤。

5A（5 个自动化）开局：通过光纤自发现、连纤自校验、波长自配置、光层自调测、业务自适应 5 个自动化流程，实现一键式自动开局，智能调测，可秒级调通业务。

典型应用场景：小型网络、中大型网络和容灾。

（1）小型网络

点到点/环 DWDM 结构：一台 OptiXtrans DC908=高密电层设备+FOADM+OLA，如图 3-93 所示。

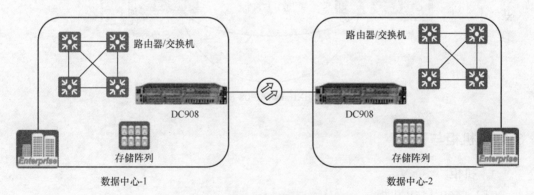

图 3-93　OptiXtrans DC908 应用场景（1）

（2）中大型网络

全 Mesh：高密 DCI（数据中心互联）+ROADM 设备+NCE-T（网络云化引擎），如图 3-94 所示。

（3）容灾

两地三中心：波分+存储，如图 3-95 所示。

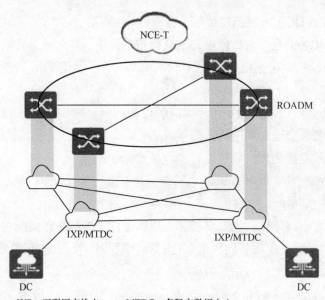

IXP：互联网交换点　　MTDC：多租户数据中心

图 3-94　OptiXtrans DC908 应用场景（2）

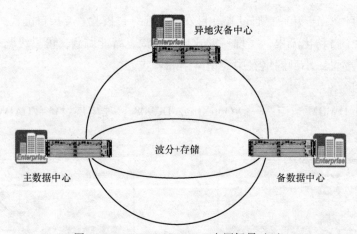

图 3-95　OptiXtrans DC908 应用场景（3）

3.4.2　机柜与子架

1．机柜

（1）N66B/A66B 机柜

不带围框尺寸：600mm（宽）× 600mm（深)×2200mm（高）。带围框尺寸：600mm（宽）×600mm（深）×2600mm（高）。

（2）N63B/A63B 机柜

不带围框尺寸：600 mm（宽）×300mm（深）×2200mm（高）。带围框尺寸：600 mm（宽）×300mm（深）×2600 mm（高）。

各型号机柜对比如图 3-96 所示。

型号 项目	N66B	N63B	A63B	A66B
外观				
支持设备	9800 U32标准子架 9800 U16子架（用作业务子架） 9800通用型平台子架	9800 U32标准子架 9800 U16子架（用作业务子架） 9800通用型平台子架	9800 U32增强子架 9800 U16子架（中央交换框） E9624子架 9800通用型平台子架 9800 P32子架 E9612子架 E9605子架	9800 U32标准子架 9800 U32增强子架 E9624子架 9800通用型平台子架 E9612子架 E9605子架

图 3-96 机柜说明

2. OptiXtrans DC908 机盒

当设备配置 1+1 双主控时，需要将设备左侧 Panel 板替换为 SCC 单板，且与右侧 SCC 单板插入方向相反，如图 3-97 所示。

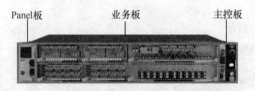

图 3-97 OptiXtrans DC908 机盒

OptiXtrans DC908 机盒背面配置有风机盒，风机盒采用前进风、后出风的方式将机盒工作过程中业务板产生的热量带出机框，保证机盒工作在正常的温度范围内。电源自带散热系统，采用侧面进风、后出风的方式将电源工作过程中产生的热量带出机框，从而保证电源工作在正常的温度范围内。

3. OptiXtrans E6608T 机盒

OptiXtrans E6608T 机盒如图 3-98 所示。

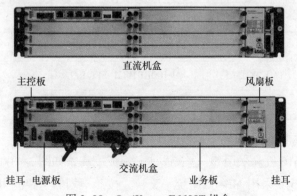

图 3-98 OptiXtrans E6608T 机盒

OptiXtrans E6608T 机盒类型见表 3-9。

表 3-9　OptiXtrans E6608T 机盒类型

机盒	型号	起始支持版本	备注
OptiXtrans E6608T 直流机盒	TMBK31AFB	V100R019C10SPC300	2U 光层机箱 DC
	TMBK32AFB	V100R019C10SPC300	2U 光层机箱 DC 带盘纤盒
OptiXtrans E6608T 交流机盒	TMBK33AFB	V100R019C10SPC300	2U 光层机箱 AC
	TMBK34AFB	V100R019C10SPC300	2U 光层机箱 AC 带盘纤盒

4. OptiXtrans E6608 机盒

OptiXtrans E6608 机盒如图 3-99 所示。

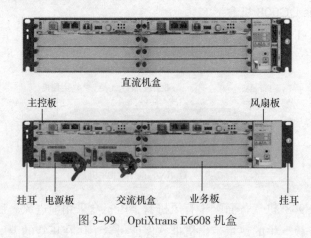

图 3-99　OptiXtrans E6608 机盒

E6608 机盒的风机盒采用左进右出的抽风散热方式，将机盒内部的热空气抽出子架，形成从左到右的风道。OptiXtrans E6608 机盒类型见表 3-10。

表 3-10　OptiXtrans E6608 机盒类型

机盒	型号	起始支持版本	备注
OptiXtrans E6608 直流机盒	TMK2K01AFB	V100R019C10SPC500	2U 机箱 DC
	TMK2K02AFB	V100R019C10SPC500	2U 机箱 DC 带盘纤盒
OptiXtrans E6608 交流机盒	TMK2K03AFB	V100R019C10SPC500	2U 机箱 AC
	TMK2K04AFB	V100R019C10SPC500	2U 机箱 AC 带盘纤盒

5. OptiXtrans E6616 机盒

OptiXtrans E6616 机盒采用 5U 盒式设计，集成度高，如图 3-100 所示。

OptiXtrans E6616 采用 MS-OTN 统一交换，按照规划的子架能力，单子架可提供最大 2.8Tbit/s 的 OTN 容量、160Gbit/s 的 SDH 高阶容量和 20Gbit/s 的 SDH 低阶容量。

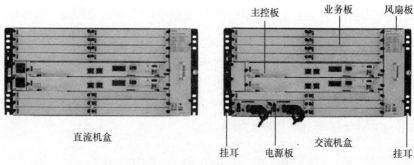

图 3-100　OptiXtrans E6616 机盒

　　E6616 机盒的风机盒采用抽风的方式，将机盒内部的热空气抽出子架，形成从左到右的风道。

　　OptiXtrans E6616 机盒类型见表 3-11。

表 3-11　OptiXtrans E6616 机盒类型

机盒	型号	起始支持版本	备注
OptiXtrans E6616	TMK5K01AFB	V100R019C10SPC500	总装机箱（5U，DC）
	TMKSK02AFB	V100R019C10SPC500	总装机箱（5U，DC，带盘纤）
	TMK5K03AFB	V100R019C10SPC500	总装机箱（5U，AC，1500W）
	TMK5K04AFB	V100R019C10SPC500	总装机箱（5U，AC，1500W，带盘纤盒）
	TMK5K05AFB	V100R019C10SPC500	总装机箱（5U，AC，1500W，带盘纤盒）
	TMK5K06AFB	V100R019C10SPC500	总装机箱（5U，AC，2400W，带盘纤盒）

6. OptiXtrans E9624 子架

　　OptiXtrans E9624 子架（以 1:1 交叉模式为例）如图 3-101 所示。

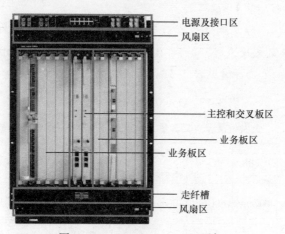

图 3-101　OptiXtrans E9624 子架

　　OptiXtrans E9624 子架支持 1:1 和 1:3 两种交叉模式，两者在交叉板配置数量、可使用的业务板槽位数、交叉容量和应用场景上有差异。

1:3 交叉模式相比于 1:1 交叉模式，单槽位业务调度容量得到提升，可以适配更多大容量的业务板。

1:3 交叉模式需要增加 2 块 CXCS 交叉板，导致支持的业务槽位相比 1:1 交叉模式少 2 个 11U 的大槽位。1:3 交叉模式主要应用于骨干核心层。

1:1 交叉模式支持更低功耗配置，主要应用于城域/汇聚层，适合建网初期选用。

OptiXtrans E9624 子架分区说明见表 3-12。

表 3-12　OptiXtrans E9624 子架分区说明

分区	组成	槽位	主要功能
电源和接口区	4 个电源接口板（PIU），1 个 EFI 单板	PIU：IU100～IU101，IU105～U106；EFI：IU103；预留：IU102、IU104	EFI 提供维护管理接口，由 CXP（通用交叉及主控时钟处理）单板供电
风扇区	2 个风机盒	下：IU90 上：IU91	为子架提供通风散热功能
走纤槽	2 个走纤槽	N/A	从单板光口引出的光纤经走纤槽进入机柜侧壁
业务板区	24 个 5.5U 的小槽位业务板；12 个 11U 大槽位业务板	下：IU1～IU6、IU7～IU12 上：IU13～IU18、IU19～IU24	根据业务规划配置业务板，所有业务板均需插入此区。通过滑道把 1 个 11U 的大槽位拆分成 2 个 5.5U 的小槽位
主控和交叉板区	2 个通用交叉及主控时钟处理板	IU71～IU72	功能：实现子架管理、网元间通信；为业务板提供时钟和板间交叉连接与业务。保护：系统控制与通信单元支持主备保护（1+1 保护）；交叉连接单元支持负载分担

说明：

① EFI 单板左右两侧的 PIU 互为备份，如 IU100 PIU 与 IU105 PIU 互为备份，IU101 PIU 与 IU106 PIU 互为备份。

② 插入的业务板，扳手在其左边。建议优先把业务板配置在外侧槽位，保障后期如果需要升级为 1:3 交叉模式时，IU6、IU7、IU18、IU19 槽位可用于插放 CXCS 单板。

OptiXtrans E9624 交叉容量见表 3-13。

表 3-13　OptiXtrans E9624 交叉容量

子架类型	工作模式	大槽位最大交叉容量					子架最大交叉容量				
		ODUk	OSUflex	VC-4	VC-3/VC-12[a]	Packet	ODUk	OSUflex	VC-4	VC-3/VC-12[a]	Packet
OptiXtrans E9624	1:1 模式	400Gbit/s	400Gbit/s	160Gbit/s	80Gbit/s	200Gbit/s	4.8Tbit/s	4.8Tbit/s	1.92Tbit/s	80Gbit/s	2.4Tbit/s
	1:3 模式	1Tbit/s	1Tbit/s	160Gbit/s	80Gbit/s	200Gbit/s	10Tbit/s	10Tbit/s	1.6Tbit/s	80Gbit/s	2Tbit/s

a：G3CXP 单板仅与 G1SXCL 配合使用时，才支持 VC-3/VC-12 的集中调度。所有业务槽位共享 VC-3/VC-12 交叉，大槽位和整个子架的最大交叉容量都是 80Gbit/s。

2 个小槽位可合并为 1 个大槽位。1 个小槽位高 5.5U，1 个大槽位高 11U。OptiXtrans E9624 子架支持调度 ODUk（k=0、1、2、2e、3、4、flex）业务、VC-3、VC-4、VC-12 业务和分组业务。

7. OptiXtrans E9612 子架

OptiXtrans E9612 子架默认只插一块 AUX 单板（带时钟功能的系统辅助通信板），插放槽位必须是 IU73，如图 3-102 所示。

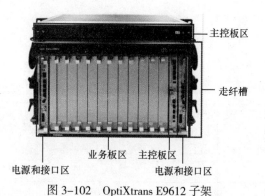

图 3-102 OptiXtrans E9612 子架

当 OptiXtrans E9612 子架配置了时钟功能时，建议配置 2 块 AUX 单板，实现时钟保护的功能。OptiXtrans E9612 子架分区说明见表 3-14。

表 3-14 OptiXtrans E9612 子架分区说明

分区	组成	槽位	主要功能
电源和接口区	2 个电源接口板（PIU），1～2 个 AUX 单板	PIU：IU100 ~ IU101 AUX：IU73 ~ IU74	PIU 互为 1+1 备份，任何一路外部输入电源故障都不影响设备的正常工作；AUX 提供维护管理接口，为各个业务板提供系统时钟信号
风扇区	1 个风机盒	U90	为子架提供通风散热功能
走纤槽	1 个走纤槽	N/A	从单板光口引出的光纤经走纤槽进入机柜侧壁
业务板区	作为主子架：12 个业务板槽位；作为从子架：13 个业务板槽位	IU1 ~ IU12	根据业务规划配置业务板，所有业务板均需插入此区
主控板区	作为主子架：2 个 SCC 单板；作为从子架：无须配置	IU1 ~ IU12	两个 SCC 单板互为 1+1 备份，提供主控功能；协同网络管理系统对设备的各单板进行管理，实现各台设备之间的相互通信

8. OptiXtrans E9605 子架

OptiXtrans E9605 子架如图 3-103 所示，分区说明见表 3-15。

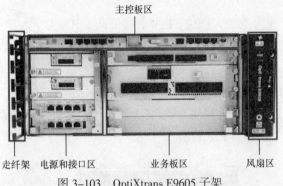

图 3-103　OptiXtrans E9605 子架

表 3-15　OptiXtrans E9605 子架分区说明

分区	组成	槽位	主要功能
电源和 接口区	2 个电源接口板 （PIU/PIUA）， 1～2 个 EFI 单板	PIU/PIUA： IU100～IU101 EFI：IU71～IU72	PIU/PIUA 互为 1+1 备份，任何一路外部输入电源故障都不影响设备的正常工作； EFI 提供维护管理接口
风扇区	一个风机盒	U90	为子架提供通风散热功能
走纤槽	1 个走纤架	N/A	从单板光口引出的光纤经走纤槽进入机柜侧壁
业务板区	5 个业务板槽位	IU1～IU5	根据业务规划配置业务板，所有业务板均需插入此区
主控板区	2 个 CTU 单板	IU73～IU74	两个 CTU 单板互为 1+1 备份，提供主控功能，为各个业务板提供系统时钟信号； 协同网络管理系统对设备的各单板进行管理，实现各台设备之间的相互通信

3.4.3　华为传送网 OptiXtrans 系列设备单板介绍

1. 单板分类

单板分类见表 3-16。

表 3-16　单板分类

单板分类	作用
支路类单板	实现客户侧业务在本站上/下波分侧信号
线路类单板	线路模式： 配合支路板完成本站客户侧业务上/下波分侧信号； 配合线路板完成波分侧业务的本站穿通 中继模式：接入波分侧 OTN 信号，完成光电转换并经过 3R 处理后，进行电光转换，输出中继后的 OTN 信号
分组单板	分组业务单板能对接入的以太网业务进行 L2 层处理；完成处理后的分组包传送到集中交叉板进行灵活调度
光波长转换单板	将接入的客户侧信号经过光电光转换后，输出符合 ITU-T 要求的 DWDM 标准波长

续表

单板分类	作用
通用业务处理单板	支持 OTN 和 SDH 业务的混合传送，与 OTN 支路类单板相比，增加了对 SDH 业务的处理能力
PID 单板	实现对 200Gbit/s、400Gbit/s、800Gbit/s 光电集成线路业务的处理
TDM 单板	实现 STM-N（N=1、4、16、64）光信号的接收和发送、以太网业务的接入、带宽管理和二层交换等
交叉类单板	完成子架内的业务调度、配置管理、告警输出等
系统控制通信类单板	协同网络管理系统对设备的各单板进行管理，实现各台设备之间的相互通信
光合波和分波类单板	将多路单波长的光信号复用进 1 路合波信号或者将 1 路合波信号解复用为多路单波长的光信号
光分插复用类单板	实现多个波长的光层级别信号的调度
光监控信道类单板	实现多个波长的光层级别信号的调度
光保护类单板	实现光线路保护或板内 1+1 保护或客户侧 1+1 保护
光谱分析类单板	检测固定间隔波长和 Flexible Grid 波长信号的光功率，检测标准波长和中心波长
光可调衰减类单板	根据主控板指令查询衰减量，调节光信号的光功率

2. OTN 支路板（E9600 系列）

OTN 支路板（E9600 系列）说明见表 3-17。

表 3-17　OTN 支路板（E9600 系列）说明

单板名称	单板描述
TNG1T206	6 路 10Gbit/s 支路业务处理板
TNG1T212	12 路 10Gbit/s 支路业务处理板
TNG1T401	1 路 100Gbit/s 支路业务处理板
TNV1T210U	10 路 10Gbit/s/2.5Gbit/s 统一支路业务处理板
TNV1T502	2 路 200GE 支路业务处理板
TNV8T402	2 路 100Gbit/s 支路业务处理板（QSFP28）
TNV8T404	4 路 100Gbit/s 支路业务处理板（QSFP28）
TNV2T601	1 路 400GE 支路业务处理板

（1）TNG1T401 单板及其应用

TNG1T401 单板：可实现 1 路 100GE/OTU4 业务光信号与 1 路 ODU4/ODUflex 电信号之间的相互转换；100Gbit/s 高密度支路单板，可节省业务槽位。TNG1T401 单板接口见表 3-18。

面板尺寸：30.5mm（宽）× 220.0mm（深）× 237.1mm（高）。

重量：1.54kg。

表 3-18　TNG1T401 单板接口

接口丝印	接口类型	用途
TX	QSFP28-100Gbit/s(4×25Gbit/s)-850nm(SR4)-MPO-MMF-0.1km：MPO 其他模块：LC	发送业务光信号至客户侧设备
RX	QSFP28-100Gbit/s(4×25Gbit/s)-850nm(SR4)-MPO-MMF-0.1km：MPO 其他模块：LC	接收客户侧设备输出的业务光信号

（2）TNG1T401 单板功能和特性

TNG1T401 单板接入 100GE 业务时支持 ALS（激光器自动关断），接入 OTU4 业务时支持 ESC（电监控信道）。TNG1T401 单板功能和特性见表 3-19。

表 3-19　TNG1T401 单板功能和特性

功能和特性	描述
基本功能	实现以下信号的相互转换： 100GE——以太网业务，速率为 103.125Gbit/s 1×OTU4↔1×ODU4
客户侧业务类型	100GE：以太网业务，速率为 103.125Gbit/s OTU4：OTN 业务，速率为 111.81Gbit/s
PRBS（伪随机码）	支持
电层 ASON	支持
LPT	不支持
IEEE 1588v2	接入 100GE（GFP-F）业务时支持
物理层时钟	接入 100GE 业务时支持
保护	ODUk SNCP（子网连接保护）/客户侧 1+1 保护/支路 SNCP 保护
环回	内环回/外环回/ODUk 内环回/ODUk 外环回
RTU（远程终端）	支持
LLDP	客户侧接入 100GE 业务时支持

3. OTN 线路板（E9600 系列）

OTN 线路板（E9600 系列）说明见表 3-20。

表 3-20　OTN 线路板（E9600 系列）说明

单板名称	单板描述
TNG1N206	6×10Gbit/s 线路业务处理板
TNG1N210	10×10Gbit/s 线路业务处理板

续表

单板名称	单板描述
TNG1N401	1×100Gbit/s 线路业务处理板
TNG1N401	2×100Gbit/s 线路业务处理板
TNS2N220	20×10Gbit/s 线路业务处理单板
TNS7N502C01	2 路 200Gbit/s/100Gbit/s 可编程混合线路业务处理板
TNU3N602	2 路 200Gbit/s/400Gbit/s 可编程线路业务处理板
TNU6N502	2 路 200Gbit/s/100Gbit/s 可编程线路业务处理板

（1）TNG1N401 单板及其应用

TNG1N401 单板及其应用见表 3-21。

表 3-21　TNG1N401 单板及其应用

接口丝印	接口类型	用途
IN	LC	接收分波单元或光分插复用单元输出的单波长光信号
OUT	LC	发送单波长光信号至合波单元或光分插复用单元

（2）TNG1N401 单板功能和特性

TNG1N401 单板功能和特性见表 3-22。

表 3-22　NG1N401 单板功能和特性

功能和特性	描述
基本功能	实现以下信号的相互转换： 80×ODU0/40×ODU1/10×ODU2/10×ODU2e/2×ODU3/1×ODU4/80×ODUflex↔ 1×OTU4 单板支持 ODU0、ODU1、ODU2、ODU2e、ODU3、ODUflex 的混合传送
FEC 类型	采用 OTU4-4×28bit/s-10km 模块：FEC 其他模块：SDFEC2
PRBS	支持
ESC	支持
用作中继板	支持
波长可调	可实现波分侧光信号在扩展 C 波段 50GHz 间隔的 96 波范围内可调
物理层时钟	支持
电层 ASON	支持
光层 ASON	支持
保护	支持 SNCP/ODUk SNCP/板内 1+1 保护

ODUk（k=0、1、2、2e、3、4、flex）。

4. 分组单板（E9600 系列）

分组单板（E9600 系列）类型及其功能见表 3-23。

表 3-23　分组单板（E9600 系列）类型及其功能

单板名称	单板描述
TNV2E224	分组单板实现接入 FE/GE/10GE/100GE 业务，并完成分组业务的处理，最后将分组包传送到交叉板进行设备级的集中调度
TNV3E224	分组单板实现接入 FE/GE/10GE/25GE 业务，并完成分组业务的处理，最后将分组包传送到交叉板进行设备级的集中调度
TNV3E402	分组单板实现接入 100GE 或 50GE 业务，并完成分组业务的处理，最后将分组包传送到交叉板进行设备级的集中调度

（1）TNV2E224 单板及其应用

TNV2E224 单板接口类型及其用途见表 3-24。

表 3-24　TNV2E224 单板接口类型及其用途

接口丝印	接口类型	用途
TX1 ~ TX24	LC	发送业务光信号至客户侧设备
RX1 ~ RX24	LC	接收客户侧设备输出的业务光信号

（2）TNV2E224 单板功能和特性

TNV2E224 单板功能和特性见表 3-25。

表 3-25　TNV2E224 单板功能和特性

功能和特性	描述
基本功能	支持接入以太网业务信号，并完成分组业务的处理
QoS	支持
QinQ（VLAN 堆叠嵌套技术）	支持
Jumbo Frame（巨型帧）	支持
802.1Q	支持
E-Line（VPWS）	支持
ETH-OAM	支持
MPLS-TP OAM	支持
保护	支持板内和板间 LAG（链路聚合组） PW APS（PTN 伪线自动保护倒换）：支持 1:1 保护 Tunnel APS：支持 1:1 保护 支持 ERPS（以太网多环保护）V1/V2

5. 光波长转换单板（E9600 系列）

光波长转换单板说明见表 3-26。

表 3-26 光波长转换单板说明

单板名称	单板描述
TNG1M210D	10 路 ANY 业务复用到 2 路 OTU2 汇聚板
TNG1M402D	2 路 100Gbit/s 业务复用到 2 路 100Gbit/s 波长转换板
TNG2M402D	2 路 100Gbit/s 波长转换板
TNG1M402DM	2 路 100Gbit/s 业务复用到 2 路 100Gbit/s 波长转换板
TNG1M404DM	2 路 100Gbit/s 多功能波长转换板
TNG1M404DM	4 路 40Gbit/s 业务复用到 2 路 100Gbit/s 波长转换板
TNG1M520SM	4 路 100Gbit/s 业务复用到 2 路 200Gbit/s/100Gbit/s 可编程波长转换板
TNG1M504DM	4 路 100Gbit/s 业务复用到 2 路 200Gbit/s/100Gbit/s 可编程波长转换板

（1）TNG2M402D 单板及其应用

TNG2M402D 单板接口及其应用见表 3-27。

表 3-27 TNG2M402D 单板接口及其应用

接口丝印	接口类型	用途
IN1 ~ IN2	LC	接收分波单元或光分插复用单元输出的单波长光信号
OUT1 ~ OUT2	LC	发送单波长光信号至合波单元或光分插复用单元
TX1 ~ TX2	LC	发送业务光信号至客户侧设备
RX1 ~ RX2	LC	接收客户侧设备输出的业务光信号

（2）TNG2M402D 单板功能和特性

TNG2M402D 单板功能和特性见表 3-28。

表 3-28 TNG2M402D 单板功能和特性

功能/保护	支持情况
ALS	当接入非 OTN 业务时客户侧支持
波长可调功能	可实现波分侧光信号在扩展 C 波段 50GHz 间隔的 96 波范围内可调
PRBS	波分侧支持 客户侧仅在接入 OTU4 时支持光口方向 PRBS
ESC	支持
LPT	不支持
纠错编码	客户侧：FEC（OTU4）、RS_FEC（100GE）；波分侧：FEC、SDFEC2
时延测量	支持
IEEE 1588v2	接入 100GE[MAC（介质访问控制）透明映射]业务时支持
物理层时钟	支持

功能/保护	支持情况
保护	ODUk SNCP 保护/客户侧 1+1 保护/板内 1+1 保护
环回	支持波分侧、客户侧光口环回和通道环回
RTU	支持
光层 ASON	支持

6. 通用业务处理单板（E9600 系列）

TNG1A212：12 路 10Gbit/s 任意业务处理板（OTN 支路、OTN&SDH 混合线路、SDH 线路）。

TNG1A212 单板属于通用业务处理单板，根据应用场景的需求，每个接口都可以独立被用作支路接口、OTN 线路接口、SDH 线路接口和中继接口。当 TNG1A212 单板的接口同时被用作 OTN 线路接口和 SDH 线路接口时，接入 STM–16/STM–64 业务的 OTN 线路接口和接入 STM–64 业务的 SDH 线路接口总和≤3。

TNG1A212 单板的接口被用作线路接口（线路模式）时，接入 SDH 业务，需配合 "SDH 封装能力 License（即开启 SDH 封装功能的 License 授权）"。

TNG1A212 的接口无论是用作 OTN 线路接口还是 SDH 线路接口，TNG1A212 单板接入 SDH 业务的能力最大为 40Gbit/s。

（1）TNG1A212 单板及应用

该单板接口用作 OTN 线路接口时，可实现以下信号的转换：

$80 \times$ ODU0/$40 \times$ ODU1/$80 \times$ ODUflex/$10 \times$ ODU2↔$10 \times$ OTU2；

$10 \times$ ODU2e↔$10 \times$ OTU2e。

同一光口支持 ODU0、ODU1、ODUflex 信号的混合传送。

该单板接口作为 OTN 支路接口时，可实现以下信号的相互转换。

- ODU0 非汇聚模式（Any→ODU0）：$12 \times$（125Mbit/s～1.25Gbit/s 信号）↔$12 \times$ ODU0。
- ODU1 非汇聚模式（Any→ODU1）：$12 \times$（1.49Gbit/s～2.67Gbit/s 信号）↔$12 \times$ ODU1。
- ODU2 非汇聚模式[Any→ODU2（e）]：$n \times$ 10GE LAN（GFP–F）/10GE WAN/STM–64/OC–192/OTU2/FC800/FICON8G↔$n \times$ ODU2；

$n \times$ 10GE LAN（BMP）/OTU2e/FC1200/FICON10G↔$n \times$ ODU2e。

- ODUflex 非汇聚模式（Any→ODUflex）：

$12 \times$ 3G–SDI/3G–SDIRBR/FC400/FICON4G/FC800/FICON8G/10GE LA（GFP–F）↔$12 \times$ ODUflex；

$4 \times$ FC1600↔$4 \times$ ODUflex。

- ODU1–ODU0 模式（OTU1→ODU1→ODU0）：$12 \times$ OTU1↔$24 \times$ ODU0。
- ODU1 汇聚模式（$12 \times$ Any→ODU1）：$12 \times$（125Mbit/s～2.5Gbit/s 信号）↔ODU1。

（2）TNG1A212 单板功能和特性

TNG1A212 单板用作线路接口时的功能和特性见表 3–29 和表 3–30。

表 3-29　TNG1A212 单板功能（OTN）

功能/保护（OTN）	支持情况
纠错编码	FEC/AFEC-2
PRBS	支持
电层 ASON	不支持
ESC	支持
中继板	支持
物理层时钟	支持
保护	支路 SNCP/ODUk SNCP
替代关系	TNG1A212 可以替代 TNG1N210、TNG1N206
波长可调功能	支持
IEEE 1588v2	不支持
环回	支持
光层 ASON	支持

表 3-30　TNG1A212 单板功能（SDH）

功能/保护（SDH）	支持情况
SDH ASON	不支持
带外 DCN	支持
保护	SNCP/1+1 线性复用段/环形复用段
SDH 时钟同步	支持
IEEE 1588v2	不支持
环回	支持 VC-3、VC-4、VC-12 通道环回
业务处理	支持 VC-3、VC-4、VC-12 业务以及 VC-4-4c、VC-4-16c、VC-4-64c 级联业务
ALS	支持

TNG1A212 单板接口用作支路接口时的功能和特性见表 3-31。

表 3-31　TNG1A212 单板接口用作支路接口时的功能和特性

功能/保护（OTN）	支持情况
ALS	当接入非 OTN 业务时：客户侧支持
PRBS	支持
电层 ASON	支持
ESC	接入 OTU1/OTU2/OTU2e 业务时：支持
LPT	仅当客户侧业务类型为 FE/GE/10GE LAN 时：支持
IEEE 1588v2	支持（当接口插入电模块时，不支持）

续表

功能/保护（OTN）	支持情况
保护	客户侧 1+1 保护/ODUk SNCP/支路 SNCP（仅当客户侧接入 OTN、SDH 或 SONET 业务时，支持支路 SNCP 保护）
替代关系	TNG1A212 可以替代 TNG1T212、TNG1T206。
以太网业务封装方式	Bit 透明映射（11.1G）、MAC 透明映射（10.7G）
环回	支持
ITU-T G.8275.1	支持（当接口插入电模块时，不支持）
ITU-T G.8273.2	支持

说明： 当 ODUflex 非汇聚模式、OptiXtrans E9624 子架工作模式为 1:1 时，单板最大接入能力为 100Gbit/s；当 OptiXtrans E9624 子架工作模式为 1:3 时，单板最大接入能力为 120Gbit/s。

当 ODU2 非汇聚模式、OptiXtrans E9624 子架工作模式为 1:1 时，n（n 路信号）为 10；当 OptiXtrans E9624 子架工作模式为 1:3 时，n 为 12。

7. PID 单板（E9600 系列）

PID 单板（E9600 系列）描述见表 3-32。

表 3-32　PID 单板（E9600 系列）描述

单板名称	单板描述
TNU5NP400	1 路 200Gbit/s 光电集成线路业务处理基础板（可扩展为 400Gbit/s）
TNU5NP400E	1 路 200Gbit/s 光电集成线路业务处理基础板（可扩展为 400Gbit/s）
TNS3NP800S	1 路 400Gbit/s 光电集成线路业务处理板（可扩展为 800Gbit/s，单纤双向）
TNS3NP800SE	1 路 400Gbit/s 光电集成线路业务处理扩展板（单纤双向)

（1）TNU5NP400/TNU5NP400E 单板

TNU5NP400/TNU5NP400E 单板用途见表 3-33。

表 3-33　TNU5NP400/TNU5NP400E 单板用途

单板	接口丝印	接口类型	用途
TNU5NP400	IN	LC	接收线路侧的光信号
	OUT	LC	发送光信号到线路侧
	EXP_RX	LC	接收 TNU5NP400E 单板"OUT"光口输出的 1 路 OTUC2 光信号
	EXP_TX	LC	接收 TNU5NP400E 单板"EXP_TX"光口输出的 1 路 OTUC2 光信号
TNU5NP400E	IN	LC	接收 TNU5NP400 单板"EXP_TX"光口输出的 1 路 OTUC2 光信号
	OUT	LC	发送 1 路 OTUC2 光信号到 TNU5NP400 单板"EXP_RX"光口

说明：TNU5NP400 单板应用于 200Gbit/s 系统时，EXP_RX 和 EXP_TX 接口不能短接。仅在 TNU5NP400 与 TNU5NP400E 配合用于 400Gbit/s 系统时，需要使用到这两个接口。

（2）TNU5NP400/TNU5NP400E 单板应用

交叉能力：ODUk（k=0、1、2、2e、3、4、flex）/80Gbit/s SDH /200GPacket。TNU5NP400 和 TNU5NP400E 都属于 PID 类单板。

TNU5NP400 可以单独使用，即直接用于 200Gbit/s 系统；也可以和 TNU5NP400E 配合，应用于 400Gbit/s 系统。

TNU5NP400E 不能单独使用，必须和 TNU5NP400 配合，应用于 400Gbit/s 系统。

（3）TNU5NP400/TNU5NP400E 单板功能和特性

TNU5NP400：支持 2 路光信号的合、分波处理，即支持接收 TNU5NP400E 单板输出的 1 路 OTUC2 光信号，并将自身输出的 1 路 OTUC2 光信号与 TNU5NP400E 单板输出的 1 路 OTUC2 光信号集成为 1 路合波光信号。

8. TDM 单板（E9600 系列）

TNV1EMS20：20 路以太网业务处理板。

TNV4S216：16×STM-N（N=1、4、16），8× STM-64，总容量≤80Gbit/s 光接口板。

TNV1EMS20 单板应用及其功能见表 3-34。

表 3-34　TNV1EMS20 单板应用及其功能

功能和特性	描述
单板基本功能	支持接入 20 路以太网业务，封装映射为 SDH 信号，转发到 SDH 平面进行传输，单板最大上行带宽为 2×2.5Gbit/s
以太网类型	EPL/EVPL/EPLAN/EVPLAN
动态 MAC 地址	2×16k
QoS	支持
测试帧	支持
绑定带宽	VC-12：1008；VC-3：96；VC-4：32

TNV1EMS20 单板主要用于以太网业务接入、带宽管理和以太网业务二层交换等电信应用领域。面板尺寸：30.5mm（宽）×220.0mm（深）×477.3mm（高）。

说明：TX1/RX1 到 TX10/RX10 组成一个组，TX11/RX11 到 TX20/RX20 组成一个组，两组之间不能于 L2 层互通。

TNV1EMS20 单板的所有端口均支持 GE 光口、GE 电口、FE 光口。仅有 TX1/RX1、TX11/RX11 端口支持 10GE 光口。

9. 光合波和分波类单板（E9600 系列）

光合波和分波类单板（E9600 系列）描述见表 3-35。

表 3-35   光合波和分波类单板（E9600 系列）描述

单板名称	单板描述
TNG2UD40	40 波分波板（超宽 C 波段）
TNG2UM40	40 波合波板（超宽 C 波段）
TNG2UM40V	40 波自动可调光衰减合波板（超宽 C 波段）
TNG3D48	48 波分波板（扩展 C 波段）
TNG3D48	48 波合波板（扩展 C 波段）
TNG3M48V	48 波可调光衰减合波板（扩展 C 波段）
TNG2D60	60 波分波板（超宽 C 波段）
TNG2M60	60 波合波板（超宽 C 波段）
TNG2M60V	60 波自动可调光衰减合波板（超宽 C 波段）
TNG2ITL	梳状滤波器（超宽 C 波段）
TNG3ITL	梳状滤波器（扩展 C 波段）
TNG2UITL	梳状滤波器板（超宽 C 波段）

ITL 单板属于光合波和分波类单板，可实现 50GHz 间隔与 100GHz 间隔信号的复用和解复用。

UITL 单板属于光合波和分波类单板，可实现 75GHz 间隔与 150GHz 间隔信号的复用和解复用。

（1）TNG2D60 单板

1）TNG2D60 单板及其应用

TNG2D60 单板属于光分波类单板，可实现将 1 路光信号解复用为最多 60 路 100GHz 固定间隔波长光信号。

面板尺寸：61.0 mm（宽）×220.0 mm（深）×237.1 mm（高）。

2）TNG2D60 单板指标和功能特性

TNG2D60 单板指标和功能特性分别见表 3-36 和表 3-37。

表 3-36   TNG2D60 单板指标

项目	单位	指标
通道间隔	GHz	100
工作波长范围	THz	D6001：190.7 ~ 196.6 D6002：190.75 ~ 196.65
插入损耗	dB	≤6.5
反射系数	dB	<−40
相邻通道隔离度	dB	≥ 22
非相邻通道隔离度	dB	≥ 25
偏振相关损耗	dB	≤0.5
各通道插入损耗	dB	≤ 3

表 3-37　TNG2D60 单板的功能特性

功能和特性	支持情况
基本功能	D6001：将 1 路合波光信号解复用为最多 60 路偶波光信号
光谱应用	支持超宽 C 波段
在线光功率监测	支持
告警与性能监测	支持
光层 ASON	支持

（2）TNG2M60 单板及其应用

TNG2M60 单板属于光合波类单板，可实现将最多 60 路 100GHz 固定间隔波长光信号复用进 1 路合波信号。

面板尺寸：61.0mm（宽）× 220.0mm（深）× 237.1mm（高）。

TNG2M60 单板指标和功能特性分别见表 3-38 和表 3-39。

表 3-38　TNG2M60 单板指标

项目		指标
输入通道间隔		100GHz
输出通道间隔		50GHz
插入损耗	RE-OUT/RO-OUT	≤5.0dB
	IN-TE/IN-TO	≤2.5dB
隔离度	IN-TE/IN-TO	≥24dB
最大反射系数		-40dB
方向性		≥45dB
偏振相关损耗		<0.5dB
IN 口输入光功率范围		-10～23.8dBm

表 3-39　TNG2M60 单板的功能特性

功能和特性	描述
基本功能	实现 C_ODD 与 C_EVEN 信号的复用与解复用
光谱应用	支持超宽 C 波段
在线光功率监测	提供在线监测光口，可以从该光口输出少量光信号至光谱分析仪或光谱分析板，在不中断业务的情况下，监测合波光信号的光谱和光性能
光层 ASON	支持

10. 光分插复用类单板（E9600 系列）

光分插复用类单板（E9600 系列）说明见表 3-40。

表 3-40 光分插复用单板说明

单板名称	单板描述
TNG2ADC0824	阻塞无关分插复用单板（超宽 C 波段）
TNG3ADC0824	阻塞无关分插复用单板（扩展 C 波段）
TNG2WSMD9	9 端口波长选择性分合波板（超宽 C 波段）
TNG3WSMD9	9 端口波长选择性分合波板（扩展 C 波段）
TNG2DWSS20	收发合一 20 端口波长选择性倒换板（超宽 C 波段）
TNG3DWSS20	收发合一 20 端口波长选择性倒换板（扩展 C 波段）
TNG2TMD20	收发合一 20 端口波长选择性倒换板（超宽 C 波段）
TNG3TMD20	收发合一 20 端口波长选择性倒换板（扩展 C 波段）

（1）TNG2WSMD9 单板及其应用

TNG2WSMD9 单板属于光动态分插复用单元，与光分波类单板、光合波类单板或光分插复用单元配合使用，可实现在 DWDM 网络节点中的波长调度。

面板尺寸：61.0 mm（宽）× 220.0 mm（深）× 237.1 mm（高）。

TNG2WSMD9 的指标和功能特性分别见表 3-41 和表 3-42。

表 3-41　TNG2WSMD9 的指标

项目		单位	指标
Slice 谱宽		GHz	6.25
Slice 总数（m）		—	1 ~ 964
各 Slice 中心频率		THz	$190.653125 + (m-1) \times 0.00625$
每波长 Slice 数量（n）		—	6 ~ 64
每波长谱宽		GHz	$n \times 6.25$（$n = 6 \sim 64$）
插入损耗	AMx/EXPI-OUT	dB	$\leqslant 8$
	IN-DMx/EXPO		$\leqslant 12$
各通道插入损耗最大差异		dB	1.5
-1dB 谱宽		GHz	$> 6.25 \times n - 25$（$n = 6 \sim 64$）
接口隔离度		dB	> 25
消光比		dB	$\geqslant 35$
重构时间		s	$\leqslant 3$
最大反射系数		dB	-40
方向性		dB	30
偏振相关损耗		dB	$\leqslant 1.5$
上波每波长衰减范围		dB	0 ~ 15
上波每波长衰减精度		dB	$\leqslant 1$（0dB ~ 10dB） $\leqslant 1.5$（>10dB）
维度		—	9

表 3-42　TNG2WSMD9 单板的功能特性

功能和特性	描述
基本功能	实现多个波长的光层级别信号的业务调度
光谱应用	支持超宽 C 波段；支持 Flexible Grid 波长信号
在线光性能监测	支持
告警和性能监测	支持
光功率调节	支持
光层 ASON	支持

（2）TNG2TMD20 单板及其应用

TNG2TMD20 单板属于光合分波类单板，可实现 20 路不同波长的光信号 colorless（波长无关）上下波。

它可以选择任意的波长组合从 AM01 ~ AM20 任意光口输入；可以选择任意的波长组合从 DM01 ~ DM20 任意光口输出。

面板尺寸：61.0 mm（宽）× 220.0 mm（深）× 237.1 mm（高）。

TNG2TMD20 单板的指标和功能特性分别见表 3-43 和表 3-44。

表 3-43　TNG2TMD20 单板的指标

项目	单位	指标
颗粒宽度	GHz	6.25
总共颗粒数量（m）	—	964
每个颗粒的中心频率	THz	$190.653125 + (m-1) \times 0.00625$
每通道宽度的颗粒数量（n）	—	6 ~ 64
通道宽度	GHz	$n \times 6.25$（$n = 6 \sim 64$）
插入损耗	dB	AMx–OUT：≤8；IN–DMx：≤8
各通道插入损耗最大差异	dB	2.5
端口隔离度	dB	≥25
消光比	dB	≥35
重构时间	s	≤3
最大反射系数	dB	−30
方向性	dB	25
每波长衰减范围	dB	0 ~ 15
每波长衰减精度	dB	≤1（0 ~ 10dB） ≤1.5（>10dB）
维度		20

表 3-44　TNG2TMD20 单板的功能特性

功能和特性	描述
基本功能	上波部分：实现将任意方向调度过来的任意波长组合通过 AM1 ~ AM20 中的任意端口上波，从 OUT 口输出。 下波部分：从 IN 口接收的主光信道的信号，以任意波长组合通过 DM1 ~ DM20 口输出，实现任意波长到任意端口的调度
光谱应用	支持超宽 C 波段；支持 Flexible Grid 波长信号
光功率调节	支持
光层环回	支持
光层 ASON	支持

11. 光纤放大器类单板（E9600 系列）

光纤放大器类单板说明见表 3-45。

表 3-45　光纤放大器类单板说明

单板名称	描述
TNG2DAP	超宽 C 波段双路可插拔光放基板
TNG2DAPXF	超宽 C 波段双路可插拔光放基板（带 XFIU）
TNG3DAPXF	扩展 C 波段双路可插拔光放基板（带 XFIU）
TNG2SRAPXF	超宽 C 波段增强型后向拉曼和可插拔掺铒光纤放大器混合单元
TNG3SRAPXF	扩展 C 波段增强型后向拉曼和可插拔掺铒光纤放大器混合单元
TNG2WDAPXF	可插拔 C 波段光放及 L 波段光放基板（带 C 及 L 波段 XFIU）

（1）TNG2DAPXF 单板及其应用

TNG2DAPXF 单板可完成光信号的放大功能，实现光监控信道和主光信道的分波和合波，可用于发送端和接收端。TNG2DAPXF 单板接口类型及用途见表 3-46。

面板尺寸：30.5 mm（宽）× 220.0 mm（深）× 237.1 mm（高）。

表 3-46　TNG2DAPXF 单板接口类型及用途

接口丝印	接口类型	用途
LIN	LC	接入待放大的合波信号（包括监控信道信号）
LOUT	LC	输出放大后的合波信号（包括监控信道信号)
TC	LC	输出待放大的主光通道信号（不包括监控信道信号）
RC	LC	接入放大后的主光通道信号（不包括监控信道信号）
TM1	LC	发送监控信道信号
RM1（1491）	LC	接收 1491 nm 监控信道信号
TM2	LC	发送监控信道信号
RM2（1511）	LC	接收 1511 nm 监控信道信号

（2）TNG2DAPXF 单板的指标和功能特性

TNG2DAPXF 单板的指标及功能特性见表 3–47 和表 3–48。

表 3–47　TNG2DAPXF 单板的指标

项目	指标
光监控信道工作波长范围（nm）	1478~1522
回波损耗（dB）	>40
光监控信道插入损耗（dB）	IN–TC：<0.8 IN–TM1：<1.2 RM1–IN：<1.5 RC–OUT：<0.8 RM2–OUT：<1.5 OUT–TM2：<1.4
偏振相关损耗（dB）	<0.15

表 3–48　TNG2DAPXF 单板的功能特性

功能和特性	描述
不同跨段的无电中继传输	支持
在线光性能监测	支持
增益锁定技术	支持
工作模式	支持增益锁定、功率锁定模式和 APC 模式
瞬态控制技术	支持
性能监视与告警监测	支持
增益调节	TNG1OACU21S：16 ~ 21dB TNG1OACU25S：19 ~ 25dB TNG1OACU32S：23 ~ 32dB TN52OACE101：20 ~ 31dB TN52OACE105：23 ~ 32dB TN52OACE106：13 ~ 23dB TN52OACE107：17 ~ 25dB TN52OACE108：8 ~ 14dB

12. 光监控信道类单板（OptiXtrans E9600）

TNG2AST2：2 路光监控信道和时钟传送板。

TNG2AST2 单板应用和功能特性：属于光监控信道类单板，可实现对 2 路光监控信号的收发控制；传送并提取系统的开销信息，经处理后送至主控板；还可以实现 IEEE 1588v2 同步时钟处理功能，支持线路光纤质量监测功能。OptiXtrans E9600 光监控信道类单板接口类型及其用途见表 3–49。

表 3-49　　OptiXtrans E9600 光监控信道类单板接口类型及其用途

接口丝印	接口类型	用途
TM1/TM2	LC	发送监控信道信号、线路光纤质量监测信号，接收线路光纤质量监测信号的反射信号
RM1/RM2	LC	接收监控信道信号
TMI1/TMI2	LC	连接盲区光纤，使 TM1/TM2 接口发送的信号通过盲区光纤，缩小盲区范围；同时可将线路光纤质量监测信号的反射信号传送到 TM1/TM2
TMO1/TMO2	LC	连接盲区光纤，将通过盲区光纤的信号传送到线路侧进行线路光纤质量监测，同时接收线路光纤质量监测信号的反射信号

13. 光保护类单板（E9600 系列）

光保护类单板说明见表 3-50。

表 3-50　　光保护类单板说明

单板名称	描述
TNG2DCP	双路光通道保护单元（超宽 C 波段）
TNG2OLP	光线路保护单元（超宽 C 波段）
TNG2WOLP	光线路保护板（超宽 C 及 L 波段）

（1）TNG2OLP 单板及其应用

TNG2OLP 单板及其应用见表 3-51。

表 3-51　　TNG2OLP 单板及其应用

接口丝印	接口类型	用途
SIN	LC	输入从 FIU 单板发送过来的线路信号（光线路保护）；输入 1 路波分侧信号（板内 1+1 保护）
SOUT	LC	输出线路信号到 FIU 单板（光线路保护）；输入 1 路波分侧信号（板内 1+1 保护）
WOUT/POUT	LC	信号双发光口，向线路侧发送工作和保护光信号（光线路保护）；信号双发光口，分别和工作、保护合波单元的输入接口相连（板内 1+1 保护）
WIN/PIN	LC	信号选收光口，接收线路侧传来的工作或保护光信号（光线路保护）；信号选收光口，分别和工作、保护分波单元的输出接口相连（板内 1+1 保护）
VIN1/VIN2	LC	主备光功率调平输入光口
VOUT1/VOUT2	LC	主备光功率调平输出光口

（2）TNG2OLP 单板指标和功能特性

基本功能：实现光线路保护，保证业务在光纤线路出现故障时也可以正常接收；提供板内 1+1 保护，对没有双发选收功能的 OTU 单板实现业务保护。

发端插损≤4dB；收端插损≤1.5dB。

工作波长范围：1504.5～1572.5nm。

光功率差值告警门限设置范围：3～8dB。

14．光谱分析类单板（E9600 系列）

TNG2OPM8：8 路可调带宽光功率检测板（超宽 C 波段）。

TNG3OPM8：8 路可调带宽光功率检测板（扩展 C 波段）。

TNG3WMU：波长监控单元（C 波段）。

TNG2OPM8 单板接口类型为 LC，连接其他单板的"MON"光口进行性能监控，可同时连接 8 个"MON"光口。

15．光可调衰减类单板（E9600 系列）

TNG2VA2：2 路可调光衰减板（超宽 C 波段）。

基本功能：根据主控板指令查询衰减量，分别调节 2 路光信号的光功率。

16．交叉类单板（E9600 系列）

TNG1SXCL：80Gbit/s VC–3/VC–12 低阶通用交叉板。

TNG3CXCS：高阶交叉板。TNG3CXCS 单板属于交叉类单板，可实现子架内 ODUk（k=0、1、2、2e、3、4、flex）/VC–4/Packets 信号的调度和保护。

TNG3CXCS 基本功能为实现子架内 ODUk（k=0、1、2、2e、3、4、flex）/VC–4/Packets 信号的集中调度。其备份方式为两块交叉板（CXCS）和两块主控交叉多协议处理板（CXP）形成交叉资源池完成业务调度，最多允许一块交叉板故障不影响系统正常运行，支持电层 ASON。

TNG3CXCS 交叉容量：2 个小槽位可合并为 1 个大槽位。1 个小槽位高 5.5U，1 个大槽位高 11U。

大槽位的 ODUk（k=0、1、2、2e、3、4、flex）的交叉容量为 1Tbit/s，子架交叉容量为 10Tbit/s。

大槽位的 VC–4 业务交叉容量为 160Gbit/s，子架交叉容量为 1.6Tbit/s。

大槽位的 Packets 业务容量为 200Gbit/s，子架交叉容量为 2Tbit/s。

说明：支路单板槽位处可以是 TDM 单板或者分组业务单板；线路单板槽位处可以是统一线路单板。

17．统一线路板（E9600 系列）

TNV6U210：10 路 10Gbit/s 统一线路业务处理板。

TNV6U220：20 路 10Gbit/s 统一线路业务处理板。

TNU6U402：2×100Gbit/s 统一线路业务处理板。

TNU6U501：1 路 200Gbit/s/100Gbit/s 可编程混合线路业务处理板。

TNV6U220 单板属于统一线路类单板，支持 OTN、SDH 和分组业务的混合传送，也支持对其中一种业务的传送。

18. 系统控制通信类单板（E9600 系列）

TMF1SCC：系统控制与通信板。

TNG3CXP：通用交叉及主控时钟处理板。

TMF1AUX：带时钟功能的系统辅助通信板。

TME1CTU：带时钟功能的系统辅助通信板。

（1）TMF1SCC

TMF1SCC 为单槽位单板，可插放槽位：IU71/1U72。

TMF1SCC 单板属于系统控制通信类单板，协同网络管理系统对设备的各单板进行管理，实现各台设备之间的相互通信。

主子架：需要配置主控板。

从子架：不需要配置主控板。

TMF1SCC 适用于 OptiXtrans E9624 子架，可插放槽位：IU71/IU72。

说明：支路单板槽位处可以是 TDM 单板或者分组业务单板；线路单板槽位处可以是统一线路单板。

（2）TMF1AUX 单板

基本功能：实现板间、子架间通信功能，以及子架内管理功能。TMF1AUX 单板可以向各个业务板提供系统时钟信号以及帧头信号。

TMF1AUX 单板采用 1+1 热备份。两块 TMF1AUX 单板互为备份，正常工作时，一个是主时钟板，一个是备时钟板。业务单板根据 TMF1AUX 的主备状态选择时钟源。当工作 TMF1AUX 单板发生故障时，主备倒换，原来的备时钟单板成为主时钟单板，业务单板根据新的主备状态切换到新的主用系统时钟上。单板可以跟踪外部时钟源、业务时钟源或本地时钟源，为本板和系统提供同步时钟源。

TMF1AUX 将网元时间同步为上游系统时间；提供以太网通信接口；提供子架间普通和紧急通信网口；提供时钟和时间信号输入/输出接口；支持通过 IP over DCC、HWECC 方式实现各个网元之间的互联通信。

（3）TME1CTU 单板

TME1CTU 单板可实现板间、子架间通信功能，以及子架内管理功能。

TME1CTU 单板可以向各个业务板提供系统时钟信号以及帧头信号，时钟满足 ITU–T G.813、ITU–T G.823、ITU–T G.8275.1 标准，并将网元时间同步为上游系统时间，完成整个网元时钟和时间同步。

TME1CTU 单板采用 1+1 热备份。两块 TME1CTU 单板互为备份，正常工作时，一个是主时钟板，一个是备时钟板。业务单板根据 TME1CTU 的主备状态选择时钟源。当工作 TME1CTU 单板发生故障时，主备倒换，原来的备时钟单板成为主时钟单板，业务单板根据新的主备状态切换到新的主用系统时钟上。单板可以跟踪外部时钟源、业务时钟源或本地时钟源，为本板和系统提供同步时钟源。

TME1CTU 单板可将网元时间同步为上游系统时间；提供以太网通信接口；提供子架

收信号光功率选择工作或保护信号）。

支持主备光功率调平。

IPC 用于检测站内光纤，当站内光纤断纤时，自动控制光放大板输出光功率不超过 21.3dBm。

本章小结

本章介绍了 WDM 的概念、光纤的结构与传导特性、光纤连接器与 OTDR、WDM 关键技术、WDM 系统结构、DWDM 与 CWDM；还讲述了 WDM 网络层次和系统架构、WDM 站点类型和网络结构、组网基本要素；同时，介绍了 OTN 的概念、OTN 接口结构、OTN 帧结构、OTN 电层开销、OTN 技术的演进和发展。针对传送网的发展方向与业务特点，本章主要介绍了华为传送网 OptiXtrans 系列设备、OptiXtrans E9600 系列子架以及 OptiX OSN 9800 U 系列。上述系列产品具有 100Gbit/s 及超 100Gbit/s 的新一代大容量、智能化、分组功能，适用于超级干线、骨干、城域等各网络层次。OptiXtrans E6600 系列子架应用于城域边缘节点，可与城域和骨干波分网络设备组建完整的 OTN 端到端网络，便于统一管理。

华为 DCI 传送设备 OptiXtrans DC908，则是专为数据中心互联打造的光电一体化的波分传输设备。

第4章
传送网业务

本章主要内容

光传送网中可传送的业务种类有很多，根据采用的复用传送技术的不同，传送的业务主要分为 TDM 业务、PCM 业务、OTN 业务和以太网业务等。传送网可以承载各种类型的客户侧业务，如语音、视频、数据和上网业务等，语音业务一般通过 E1 承载，而其他业务则采用以太网相关技术。

4.1 TDM 业务

为了将低速信号复接成高速信号并使复接方便，不同国家规定了各信道比特流之间的各速率等级标称值和容差范围，例如，规定了各主时钟有共同的标称值，同时不允许它们偏离标称值，即不超过容差范围，这种允许比特偏差但几乎是同步的工作状态，被称为准同步。相应的比特系列称为准同步数字系列（PDH）。表 4–1 列出了国际上的 3 种 PDH，我国采用的是欧洲体制。

表 4–1 国际上允许存在的 3 种 PDH

次群	以 1.5Mbit/s 为基础的系列		以 2Mbit/s 为基础的系列
	日本体制	北美体制	欧洲体制
0 次群	64kbit/s	64kbit/s	64kbit/s
1 次群	1554kbit/s	1554kbit/s	2048kbit/s
2 次群	6312kbit/s	6312kbit/s	8448kbit/s
3 次群	32064kbit/s	44736kbit/s	34368kbit/s
4 次群	97728kbit/s	274176kbit/s	139264kbit/s
5 次群	*	*	564992kbit/s

TDM 业务即复用技术产生的业务，主要有 2.048Mbit/s、34.368Mbit/s、139.264Mbit/s 速率的业务，目前以 2.048Mbit/s 业务为主。

传统的 SDH 设备只提供 E1、E3、E4 等接口。如果要承载以太网业务，则需要配置协议转换器，例如，一个 10Mbit/s 的以太网业务，需要在 SDH 设备两边各配置 5 个协议转换器才能完成接入。

而基于传统 SDH 设备的 MSTP，可将协议转换、信号适配、封装等过程，集成到 SDH 设备的业务单板上来完成，方便业务接入。同时，MSTP 拥有 SDH 的保护恢复、OAM 等功能，支持 PDH、SDH、Ethernet、ATM、PCM 等多种业务的传送和接入。

最直观的理解：MSTP=传统的 SDH 设备＋业务单板。

传统的 SDH 设备是在 PDH 之上发展起来的，支路侧业务接口主要是 PDH E1/E3/E4。如果要承载以太网、PCM 业务，则需要增加相应的业务单板，传统的 SDH 设备演变成

MSTP 设备。MSTP 与传统的 SDH 设备都基于 TDM 平面,增加分组平面,则演变成 Hybrid MSTP 设备。传统的 SDH 设备包括 MSTP 设备,线路侧最大商用速率为 10Gbit/s。更大的容量,则需要 WDM 技术来实现。

当前,传统的 SDH 设备(包括 MSTP 设备)已经逐渐处于退网的状态,Hybrid MSTP 存续时间可能稍长些,但存量有限。

4.2　PCM 业务

在光纤通信系统中,光纤中传输的是二进制光脉冲 "0" 码和 "1" 码,它由二进制数字信号对光源进行通断调制而产生。而数字信号是对连续变化的模拟信号进行抽样、量化和编码产生的,即脉冲编码调制(PCM)。这种电的数字信号称为数字基带信号,由 PCM 电端机产生。现在的数字传输系统都采用脉冲编码调制体制。

1. PCM

E1 是 PCM 其中的一个标准(表现形式),分为 TS0 ~ TS31,共 32 个时隙。每个时隙为 64kbit/s,其中 TS0 为帧同步码,TS16 为信令时隙,当使用到信令(共路信令或随路信令)时,TS16 时隙用来传输信令,不可用来传输数据。

E1 的 PCM 码型如下。

PCM30:PCM30 用户可用时隙为 30 个,即 TS1 ~ TS15、TS17 ~ TS31。TS16 传送信令,无 CRC。

PCM31:PCM31 用户可用时隙为 31 个,即 TS1 ~ TS15、TS16 ~ TS31。TS16 不传送信令,无 CRC。

PCM30C:PCM30C 用户可用时隙为 30 个,即 TS1 ~ TS15、TS17 ~ TS31。TS16 传送信令,有 CRC。

PCM31C:PCM31C 用户可用时隙为 31 个,即 TS1 ~ TS15、TS16 ~ TS31。TS16 不传送信令,有 CRC。

CE1:把 E1 信号的传输分成了 30 个 64kbit/s 的时隙,一般写成 $N \times 64$。

2. PCM 设备及应用举例

电力系统、铁路系统、城市轨道交通系统和能源传输系统都广泛地应用了 PCM 技术。随着技术的发展,PCM 设备也从只能接入单纯的语音业务扩展到接入多种低速数据业务。

PCM 设备的作用:将低速模拟信号转换成数字信号,并将其传入 64kbit/s 通道;提供时隙交叉功能和各种标准接口;将多路 64kbit/s 通道信号复用成 2Mbit/s 信号。

图 4–1 是 PCM 在电力系统的应用:发电厂的监控信号、变电站的调度电话、继电保护信号、传感器信号、监控信号等都需要通过 PCM 设备接入通信传送网络,然后被传输到电力调度中心,这样整个电力系统的通信网络就形成了。

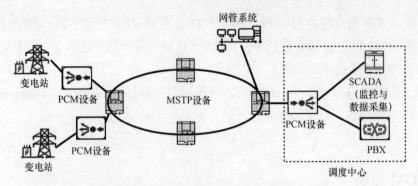

图 4-1　PCM 在电力系统的应用

3. 华为 PCM 解决方案

华为传输设备内置 PCM 技术，将传输设备和 PCM 设备合二为一，PCM 设备嵌入传输设备中作为 PCM 板卡，直接接入客户侧业务，成功地解决了企业通信多业务接入的需求。

省空间：2 套设备变 1 套设备。

低功耗、高可靠：2 层结构设计变 1 层结构。

故障点少、易管理：1 个网管，端到端配置。

目前业界采用的 PCM 设备和传输设备分离方案：客户端低速信号先传送到 PCM 设备，再被传送到传输设备；设备堆叠，需要占用较大空间；网络复杂，管理困难，运维复杂。

华为 PCM 解决方案：在成熟的传输设备上定制开发多种 PCM 板卡，替代传统的 PCM 设备，实现各类低速 PCM 业务统一接入，减少设备堆叠，节约机房空间，减少投资。该方案还具有以下优势。

① 可靠性高：各类低速 PCM 业务统一接入传送网络，减少了中间业务级联转换环节，降低了网络连接复杂度，提高了网络可靠性。

② 运维简单：统一网管，对 MSTP 设备（包括 PCM 板卡）统一运维，业务配置和发放都可以在网管中心进行。华为网管同时支持可视化运维，网络性能一目了然。

OptiX OSN 设备提供内置 PCM 技术的解决方案，该方案通过在 OptiX OSN 设备中集成 PCM 单板，使 OptiX OSN 设备能够直接提供 FXS（外部交换站）接口/FXO（外部交换局）接口、2/4 线音频 E&M（交换和多路信号）接口以及子速率接口，实现接入低速电路业务并在 SDH 网络中透传，通过网管实现业务的配置和管理。

4.3　OTN 业务

多年来，ITU-T 已经制定了关于 OTN 一系列的行业标准（G.709、G.805、G.806、G.798、G.874、G.693、G.872 等）。OTN 技术是在 SDH 和 WDM 技术的基础上发展起来的，兼有两种技术的优点。OTN 设备单个波长可支持 40Gbit/s、100Gbit/s 甚至更高的传输速率，实现大容量传输，符合 IP 网络大颗粒化的发展趋势。

OTN 设备支持支、线路分离的业务接入，可提高业务接入的灵活性，支持多业务，如 SDH、Ethernet、IP/MPLS 和 SAN 业务等接入能力。

OTN 有自己特有的帧结构，有丰富的开销对信号在传输过程中进行运行、管理和维护。与传统的 WDM 技术相比，OTN 提供灵活的组网方式，可构成多环、网格形和星形等城域网经常需要的组网模式，适合城域网新业务的开拓及业务的频繁调整的情况。

OTN 借鉴 SDH 的开销思想，引入丰富的开销，使 OTN 真正具有 OAM&P 能力；1 路独立的光监控信道（OSC）用于传送 OTM 开销信号（OOS）。

OTUk、ODUk、OPUk 均为电信号，而 OCh 及更高的层次则为光信号。

客户信号（如 IP/MPLS、ATM、以太网、SDH 信号）作为 OPU 净荷加上 OPU 开销后映射到 OPUk，此处 k 可以为 1、2、3、4，$k=1$ 表示比特率约为 2.5Gbit/s，$k=2$ 表示比特率约为 10Gbit/s，$k=3$ 表示比特率约为 40Gbit/s，$k=4$ 表示比特率约为 100Gbit/s；OPUk 又作为 ODU 净荷组成了 ODUk；ODUk 合入 OTU 开销和 FEC 区域后映射到完全标准化的光通道传送单元（OTUk）或功能标准化的光通道传送单元（OTUkV）；OTUk 合入 OCh 开销后又被映射到完整功能的光通道（OCh）或简化功能的光通道（OChr）。OCh 被调制到 OCC 上以后，n 个 OCC 进行波分复用，合入 OMS 开销后，构成 OMSn 接口。OMSn 合入 OTS 开销后，构成 OTSn 单元；而 OChr 则被调制到 OCCr，n 个 OCCr 进行波分复用，构成光物理段（OPSn），OPSn 结合了没有监控信息的 OMS 和 OTS 层网络的传送功能。

OTUk 比特率分别为：OTU0 为 1.25Gbit/s；OTU1 为 2.5Gbit/s；OTU2 为 10Gbit/s；OTU3 为 40Gbit/s；OTU4 为 100Gbit/s；OTUC2 为 200Gbit/s；OTUC4 为 400Gbit/s。

OTN 层次结构及接口如图 4-2 所示。在 OTN 中，1 路独立的光监控信道用于传送 OTM 开销信号。

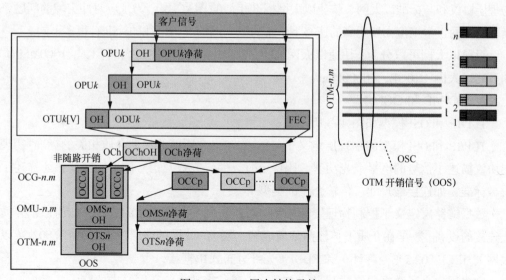

图 4-2　OTN 层次结构及接口

4.4　以太网业务

4.4.1　以太网原理

1. 以太网基础

最初，以太网可提供 10Mbit/s 带宽，但是由于信息技术的高速发展，到了 90 年代初期，10Mbit/s 带宽已不堪重负，网络带宽成为制约通信技术发展的瓶颈，开发更高速率的通信技术已势在必行。快速以太网的研究始于 1993 年，1995 年形成标准。快速以太网保留了在 10Base-T 中定义的一些标准，如以太网帧格式、多端口中继器、网桥，只是带宽提高到原来的 10 倍。比如，曾广泛使用的电话线不能用于承载快速以太网信号，这是因为快速以太网信号在电话线上传输时的损耗太大，并且传输中的电磁辐射量超出了 FCC 和欧洲标准。在快速以太网标准中，使用较多的有 100Base-TX 和 100Base-FX。100Base-TX 采用 2 对五类双绞线。

在 100Base-FX 中，F 指的是光纤，这种技术可将信号传输得更远。100Base-FX 工作于半双工模式、点到点连接时，传输距离可达 412m（冲突域的限制），而在全双工模式下，传输距离可达 2000m。另外两种快速以太网标准是 100Base-T4 和 100Base-T2。100Base-T4 采用 4 对三类或五类双绞线；100Base-T2 采用 2 对三类双绞线。这两种标准已被淘汰。

由于带宽需求的持续增长，千兆以太网标准于 1998 年正式发布，它可使光纤或双绞线承载的信号带宽达到 1Gbit/s。IEEE 千兆以太网工作组负责该技术的标准化，其技术标准为 IEEE 802.3z（光纤与铜缆）和 IEEE802.3ab（双绞线）。千兆以太网标准使用修订的物理层协议和与标准以太网、快速以太网标准相似的 MAC 层，为了应对冲突域的问题，确保以太网正常工作在如此高的速率下，千兆以太网标准与以往的标准有很多不同。

目前以太网可以分为：快速以太网（FE，100Mbit/s）、千兆以太网（GE，1000Mbit/s）和万兆以太网（10GE，10000Mbit/s）。

2. TCP/IP 和 OSI 模型

TCP/IP 和 OSI 模型如图 4-3 所示。

TCP/IP 和 OSI 模型的物理层定义了与承载 TCP/IP 通信的物理介质相关的标准：物理层协议描述了信号的电平或光功率、比特定时、编码方式及信号波形等特征；还描述了机械标准，如连接器尺寸、传输介质的类型等。

数据链路层定义了控制物理层的相关协议：访问和共享介质的方法；如何识别介质上连接的设备；数据在介质上传输前如何成帧。常见的数据链路层协议有 IEEE 802.3（以太网）、IEEE 802.5（令牌环）和 FDDI（光纤分布式数据接口）。

网络层定义了数据包格式和寻址方式，主要负责数据包在网络中的路由。

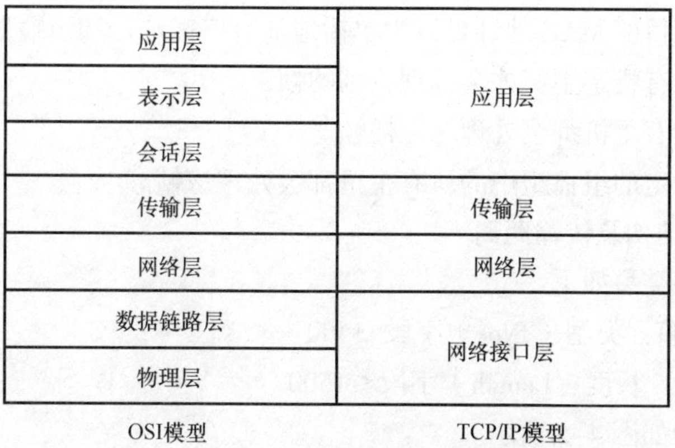

应用层	应用层
表示层	
会话层	
传输层	传输层
网络层	网络层
数据链路层	网络接口层
物理层	

OSI模型   TCP/IP模型

图 4-3 TCP/IP 和 OSI 模型

传输层定义了控制网络层的相关协议。传输层和数据链路层都可以进行流量控制和差错控制，区别在于，数据链路协议工作在数据链路上，即直连两台设备之间的物理介质上；而传输层协议工作在逻辑链路上，即两台设备的端到端的连接，该逻辑链路可能穿通多个数据链路。

TCP/IP 模型中的应用层对应于 OSI 模型中的会话层、表示层和应用层。应用层通常用于提供用户程序访问网络的接口。

3. 冲突域

冲突域可以看作一个逻辑网段，在冲突域内，同时发送到共享介质的数据包之间会产生冲突。

由于网络中的每台设备都必须等到网络空闲时才能发送数据，因此网络中的设备越多，发生冲突的可能性就越大，网络的效率就越低。

冲突域：共享相同信息通道的点组成了冲突域。例如，一个集线器的所有端口属于同一个冲突域，任何端口都不能同时接收和发送数据。

4. MAC 地址和以太网寻址

MAC 地址是网络设备的物理地址。MAC 地址由 IEEE 进行管理和分配，MAC 地址包含两部分：设备供应商代码用于唯一标识不同的设备供应商，其余字节由设备供应商自行分配。

MAC 地址共 48 比特，通常用 12 位的点分十六进制数表示。

前 24 比特表示设备供应商代码，后 24 比特由设备供应商自行分配，如图 4-4 所示。

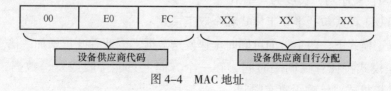

00	E0	FC	XX	XX	XX

设备供应商代码   设备供应商自行分配

图 4-4 MAC 地址

广播 MAC 地址：FF-FF-FF-FF-FF-FF

如果第 8 个比特位是 "1"，则表示这是一个组播地址。

以太网帧中的目的 MAC 地址可以为单播地址、广播地址和组播地址。

单播地址：只有指定主机才会处理收到的帧。

广播地址：所有主机都会处理该广播帧。

组播地址：指定的组播组中的所有主机都会处理该帧。

5. 以太网帧结构及传输距离

常见以太网帧类型如下。

Ethernet II 型帧：类型（Type）字段>1500

IEEE 802.3 帧：长度（Length）字段≤1500

以太网帧结构如图 4-5 所示。

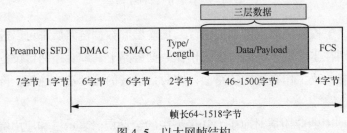

图 4-5　以太网帧结构

最大传输距离：取决于线路质量、信号损耗等因素。

以太网帧的组成字段如下。

Preamble：前导符，长度为 7 字节，每个字节的比特图案都是 10101010，用于发端和收端的定时同步。

SFD：帧首定界符，比特图案为 10101011，用于告知收端下一个字节是帧的开头。

DMAC：目的 MAC 地址，长度为 6 字节。

SMAC：源 MAC 地址，长度为 6 字节。

Type/Length：类型/长度，长度为 2 字节。

值不同，其含义也不同：如果 Length/Type >1500，则表示数据帧的类型（上层协议类型，例如 Ox0800 表示三层数据是 IP 报文）；如果 Length/Type≤1500，则表示数据帧中的数据和填充字段的长度。

Data：长度为 46 ~ 1500 字节，如果 Data 字段的长度小于 46 字节，则需要填充内容以确保整个帧长至少为 46 字节。

FCS：帧校验序列，长度为 4 字节。

以太网双工模式包括半双工模式和全双工模式。

在全双工模式下，两个方向可同时全速发送数据，因此吞吐量增加一倍。

半双工模式特征：在同一时间，在一个方向上只能接收或发送数据，需要使用 CSMA/CD，该模式对传输距离有限制。

全双工模式特征：可以同时收发数据；吞吐量比半双工模式增加一倍，该模式对传输距离没有限制。

6. 自协商

自协商功能的基本机制就是将协商信息封装进一连串修改后的连接整合性测试脉冲中，这串脉冲被称为快速连接脉冲。

最初，IEEE 802.3u 标准中定义了自协商功能，也就是说，百兆以太网中引入了自协商功能，自协商可后向兼容 10Base-T 标准。1999 年，自协商功能扩展到了千兆以太网。对于支持多种传输速率（如 10Mbit/s 和 100Mbit/s）、多种工作模式（半双工和全双工）的设备来说，相连的两台设备间可通过自协商机制决定两者通信的最佳模式（高传输速率优于低传输速率）。在相同速率下，全双工模式优于半双工模式。

如果一台支持自协商的设备与一台不支持自协商的设备对接，则可能出现问题。支持自协商的设备通过接收的信号可以判断出对方的速率，但无法判断出对方的全/半双工模式，此时可能出现一台设备工作于全双工模式，另一台设备工作于半双工模式的情况，这属于双工模式不匹配，结果一般表现为连接正常，但通信速率很低。

如图 4-6 所示，大脉冲即普通连接脉冲，小脉冲即快速连接脉冲。

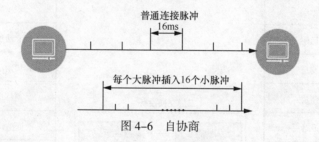

图 4-6　自协商

7. 流量控制

目的：在发生拥塞时，流量控制可以防止数据帧丢失。

实现方法为采用半双工模式和全双工模式。半双工模式采用反压技术进行流量控制；全双工模式采用 PAUSE 帧进行流量控制，遵循 IEEE 802.3x 协议。

如果一个以太网口的接收队列发生拥塞（入口缓冲区中的数据超过一定的阈值），则该网口可向外发送拥塞信号，模拟线路的拥塞，从而使对端降低发送速率，达到避免拥塞丢包的效果。半双工以太网端口采用反压技术进行流量控制，目前半双工以太网已很少使用。IEEE 802.3x 标准定义了 PAUSE 帧技术，可实现全双工模式下的流量控制，如图 4-7 所示。PAUSE 帧使用一个保留的组播地址，它不会被网桥和交换机所转发，这样 PAUSE 帧不会产生附加信息量。

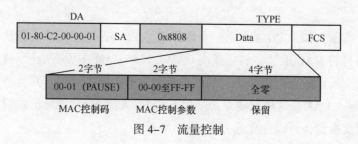

图 4-7　流量控制

4.4.2　二层交换和 VLAN

1．二层交换设备结构

以太网交换机或网桥具有如下功能：基于源 MAC 地址学习；基于目的 MAC 地址转发；基于目的 MAC 地址过滤；基于目的 MAC 地址洪泛。

集线器属于物理层设备，而交换机是数据链路层设备。

集线器：半双工模式，广播泛滥，效率低。

交换机：全双工模式，通过 MAC 地址自学习产生 CAM（二层交换地址表），可避免冲突，扩大广播域。

目前，为了满足客户对更大带宽的需求，集线器已广泛地被交换机所取代。

二层交换设备结构如图 4-8 所示。

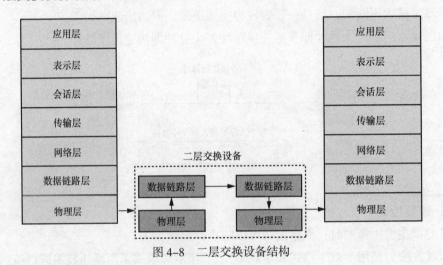

图 4-8　二层交换设备结构

2．二层交换设备工作原理

（1）基于源 MAC 地址自学习

每台二层交换设备都有一个 CAM，表示 MAC 地址与端口的映射关系，二层交换设备基于 CAM 转发数据帧。

基于源 MAC 地址自学习，二层交换设备可以获得与其连接设备的 MAC 地址。当二层交换设备刚上电时，CAM 中没有任何表项。随着数据帧不断经过二层交换设备，发送数据帧的设备的 MAC 地址、收到该数据帧的二层交换设备的端口号将对应保存为 CAM 中的表项。

如图 4-9 所示，如果 PC A 发送一个数据帧给 PC D，二层交换设备从端口 1 收到数据帧，会检查目的 MAC 地址，然后查询 CAM，如果 CAM 中没有表项与目的 MAC 地址匹配，则二层交换设备会把该帧转发到该设备上的所有其他端口，并且将收到数据帧的源 MAC 地址写入 CAM。这样就建立了端口 1 和 PC A 的 MAC 地址的映射关系。通过这种方式，二层交换设备可以建立起完备的 CAM 项。

图 4-9　基于源 MAC 地址自学习

如果 CAM 中没有表项与特定的目的 MAC 地址匹配，二层交换设备将会把数据帧转发给除源端口以外的所有其他端口，这被称为洪泛，源端口不会被洪泛。二层交换设备可以通过洪泛进行自学习，并且在洪泛时该二层交换设备对整个网络而言是透明的，因此不会造成数据帧丢失。

学习过程持续一段时间之后，二层交换设备已建立起比较完备的 CAM，于是进入稳定的转发状态。这时，对于接收到的数据帧，二层交换设备可以在 CAM 中查找到与目的 MAC 地址对应的端口号，直接转发数据帧，工作效率得到大大提升。

（2）基于目的 MAC 地址进行转发

当二层交换设备接口收到一个数据帧时，二层交换设备会读取数据帧的目的 MAC 地址，并在 CAM 中进行比对。如果 CAM 中有该目的 MAC 地址，则该帧被直接转发到相应的端口；如果 CAM 中没有该目的 MAC 地址，则该帧被广播到所有的端口（接收该帧的端口除外）。

老化机制：CAM 的容量是有限的，只能包含一定数量的表项。二层交换设备为每个 MAC 转发表项提供了一个定时器，该定时器从一个初始值开始递减，每当使用了一次该表项（接收到了一个数据帧，查找 CAM 后用该项转发），定时器就会被重新设置。如果长时间没有使用该表项，则定时器递减到零，于是该表项会被删除。定时器的默认定时时间是 5min，即老化时间为 5min。

基于目的 MAC 地址的转发如图 4-10 所示。

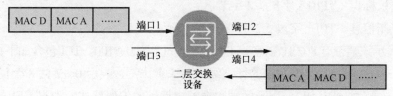

图 4-10　基于目的 MAC 地址的转发

3. 交换模式

直通模式：二层交换设备只检查帧的前 6 个字节即可开始转发，这 6 个字节是该帧的目的 MAC 地址，二层交换设备只需根据目的 MAC 地址就可以决定如何转发。直通模式时延很小，但二层交换设备不检测错误，直接转发数据帧，可能会转发一些错误数据帧。

存储转发模式：二层交换设备接收到完整的数据包并进行错误检测后才进行转发，可确保数据帧无误传输，但是转发速度比较慢。

碎片隔离模式：此交换模式结合了直通模式和存储转发模式的优点。它像直通模式一样，不用等待接收完完整的数据帧才转发，只要接收了前 64 字节后，即可转发，并且同存储转发模式一样，可以检测前 64 字节的错误，并丢弃错误帧。

4. 广播域

二层交换设备将网络分割成多个冲突域，如果二层交换设备的每个端口都连接一个集线器，那么每个端口都是一个冲突域。二层交换设备和与其连接的各局域网形成了一个广播域。任一广播报文都会被洪泛至整个广播域，所有的设备都能收到该广播报文。如果广播域中广播报文太多，则可能占用太多网络带宽，从而降低网络传输效率，其原因在于这些广播报文被送到了不需要这些广播报文的部分网络。

二层设备基于 MAC 地址转发接收到的数据帧，所以冲突域局限于单个端口，但广播域不会受到限制。

5. VLAN

划分 VLAN 的目的是增强网络稳定性，抑制广播。

VLAN 的划分方式：基于端口划分、基于 MAC 地址划分、基于三层协议划分、基于子网划分。

优点：VLAN 技术可解决冲突域的问题，提高通信安全性。

① 安全性：带 VLAN 的数据帧不会被属于其他 VLAN 的主机收到，安全性更好。

② 稳定性：随着网络规模的扩大，部分网络失效可能影响到整个网络。通过引入 VLAN，部分网络失效不会对网络其他部分产生影响。

③ 抑制广播：VLAN 技术可将广播域局限于属于同一 VLAN 的端口。

缺点：VLAN 将一个物理网络在逻辑上分割为几个小网络，可以提高网络的带宽利用率，但属于不同 VLAN 的主机不能通信。

6. VLAN 标签

如图 4-11 所示，802.1Q 标签头包含如下。

标签协议标识（TPID）字段：2 字节。

标签控制信息（TCI）字段：2 字节。

TPID 表示该帧带有 802.1Q 标签，TPID 的值固定为 0x8100。TCI 包含如下控制信息。

- Priority（优先级）：表示帧的优先级，共 3 个比特，表示 0～7 共 8 个优先级。
- CFI（规范格式标识）：用于区别数据帧中地址的编码格式。如果 CFI 的值是 0，则表示是标准的以太网帧；如果是 1，则表示是令牌环或 FDDI 帧。
- VLAN ID：标识 VLAN ID 的值，共 12 个比特，最多支持 4096 个 VLAN。以太网帧有两种形式，分别为 Untag 帧和 Tag 帧。
- Untag 帧：不带 802.1Q 标签。
- Tag 帧：带 802.1Q 标签。

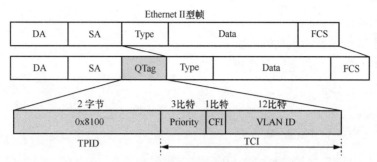

图 4-11 带 IEEE 802.IQ 标签的以太网帧

7. 以太网端口处理

UNI 属性包括 Tag Aware、Access 和 Hybrid。

- Tag Aware：只接收带 VLAN ID 的帧，通常与交换机相连。
- Access：不能识别带 VLAN ID 的数据帧，通常与 PC 相连。
- Hybrid：可识别带 VLAN ID 和不带 VLAN ID 的数据帧。

（1）Tag Aware

Port1+VLAN1↔VCTrunk+VLAN1（VLAN=1～4095）

端口属性配置：Port-Tag Aware, VCTrunk-Tag Aware

Tag Aware 如图 4-12 所示。

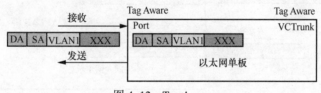

图 4-12 Tag Aware

（2）Access

Port1↔VCTrunk＋默认 VLAN（VLAN=1～4095）

端口属性配置：Port-Access，VCTrunk-Tag Aware

接收方向：收到不带 VLAN 的数据帧则添加默认 VLAN；收到带 VLAN 的数据帧则丢弃。

发送方向：剥离原有 VLAN。

Access 如图 4-13 所示。

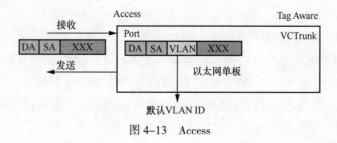

图 4-13 Access

接收方向动作如下。

- 收到不带 VLAN 的数据帧：丢弃。
- 收到带 VLAN 的数据帧：透传。

发送方向：透传。

（3）Hybrid

Port1+VLAN1↔VCTrunk+VLAN1

Port1↔VCTrunk＋默认 VLAN（VLAN=1～4095）

端口属性配置：Port–Hybrid，VCTrunk–Tag Aware

1）接收方向

- 收到不带 VLAN 的数据帧：添加默认 VLAN。
- 收到带 VLAN 的数据帧：透传。

2）发送方向

- 如果数据帧的 VLAN ID 和默认 VLAN ID 相同：剥离原有的 VLAN。
- 如果数据帧的 VLAN ID 和默认 VLAN ID 不同：透传。

Hybrid 如图 4–14 所示。

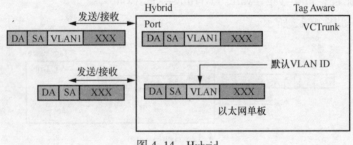

图 4–14　Hybrid

8. VLAN 的优缺点

优点：VLAN 技术可解决冲突域问题，提高通信安全性。

缺点：VLAN 将一个物理网络在逻辑上分割为几个小网络，可以提高网络的带宽利用率，但属于不同 VLAN 的主机不能通信。

属于不同 VLAN 的主机如需要相互通信，则需使用三层交换机。

4.4.3　以太网级联与封装

1. 级联技术概述

级联的目的：利用 SDH 网络传送大颗粒业务，实现带宽按需配置。

级联是 SDH 的重要特性之一，如何对容量大于 C–4（149760kbit/s）的客户信号进行传输，而不引入附加损伤，在 SDH 中所采用的方法就是级联。级联是一种结合过程，可以把多个容器组合起来，使得它们的组合容量可以被当作一个仍然保持比特序列完整性的单个容器使用。级联业务传输主要基于 ITU–T 的新的 G.707 协议。

级联技术可分为相邻级联和虚级联。

相邻级联实现简单，传输效率高；端到端只有一条路径，业务无时延；整个传送网络需要都支持相邻级联，否则业务不能开通。

虚级联要求收发两端设备支持；可实现多径传输；开销多，传输效率低，不同路径传送的业务有时延差。

相邻级联是利用同一 STM-N 中相邻的 C-n 级联成 C-n-Xc，使其成为一个整体结构进行传输。相邻级联的 VC-4-Xc 只有一列 POH 指示，因此，相邻级联在整个传输的过程中必须保持连续的带宽。这种技术需要网络中经过的所有设备的支持，而现有的多数设备不具有这种能力。

虚级联技术将分布在不同 STM-N 中的 VC-n（可以同一路由，也可以不同路由）按级联的方法，形成一个虚拟的大结构 VC-n-Xv 进行传输。虚级联中的每个 VC-n 都有独立的结构，有自己的 POH，形成完整的 VC-n 结构。几个 VC-n 虚级联在一起就相当于几个 VC-n 的间插。在设备方面，级联的两端需要特殊的硬件支持。

2. 相邻级联机理

相邻级联机理如图 4-15 所示。

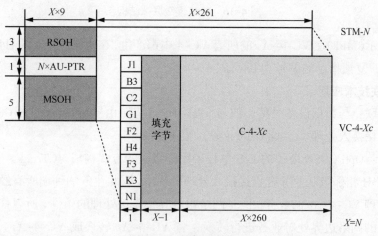

图 4-15 相邻级联机理

位于 AU-4 指针内的级联指示用来指明在单个 VC-4-Xc 中携带的多个 C-4 净荷应保持在一起。映射可用的容量，为多个 C-4 容量的 X 倍（例如当 X=4 时，容量为 599040kbit/s，当 X=16 时，容量为 2396160kbit/s）。

VC-4-Xc 的第 2 列至第 X 列规定为固定填充比特，VC-4-Xc 的第 1 列用作 POH，这个 POH 被分配给 VC-4-Xc 使用。

AU-4-Xc 中的第一个 AU-4 应具有正常范围的指针值，而 AU-4-Xc 内所有后续的 AU-4 应将其指针置为级联指示，即 1～4 比特设置为"1001"，5～6 比特未做规定，7～16 比特设置为 10 个"1"。级联指示指定了指针处理器应执行与 AU-4-Xc 中的第一个 AU-4 相同的操作。

3. 虚级联机理

SDH 虚级联帧结构如图 4-16 所示。一个 VC-4-Xv 提供具有净荷容量为 X 倍 149760kbit/s(一个 X 倍的 C-4)的相邻净荷区域(C-4-Xc),该容器被映射到构成 VC-4-Xv 的 X 个独自的 VC-4 中。每个 VC-4 具有自己的 POH。POH 中的 H4 字节用作虚级联的规定序列号和复帧批示。

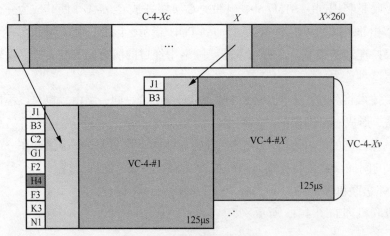

图 4-16　SDH 虚级联帧结构

复帧指示(MFI)在 VC-4-Xv 的所有 VC-4 中都产生,在所有 VC-4 的 H4 字节的 5 ~ 8 比特传送, 复帧指示的编号为 0 ~ 15。

4. 级联技术应用

相邻级联:与数据设备对接, 如与 STM-4 PoS 口路由器对接, OptiX OSN 设备的线路板可以直接接入处理 VC-4-Xc 的业务, 无须转换。

虚级联:OptiX OSN 设备的 EoS 单板采用虚级联的方式构成 VCTrunk。

由于 SDH 相邻级联业务有直接接入处理的要求,因此业务端到端所有经过站点的网元都可以处理 VC-4-Xc 的业务。但是网络很难具备直接处理的条件, 所以往往在接入相邻级联业务的网络边界处对业务进行转换, 将 VC-4-Xc 转换成 VC-4-Xv。此时网络中间站点无须处理 VC-4-Xc,只要处理单个 VC-4 即可, 网络边界处站点完成 VC-4-Xc 和 VC-4-Xv 的转换操作。

目前, OptiX OSN 设备的 SDH 线路板都支持对相邻级联业务的接入处理。

OptiX OSN 设备的多数 EoS 数据单板都采用虚级联的方式构成 VCTrunk。该方式组网灵活性强, 支持多径传输, 可以配合 LCAS (链路容量调整机制)对链路带宽进行调整。

5. LCAS

LCAS 可按需调整带宽, 动态地增加和减少 VCTrunk 内的成员而不影响业务。当虚级联组成员出现故障后可迅速调整带宽, 保证数据传输正常;当失效成员恢复后自动恢复虚级联组原有带宽。

LCAS 是一种链路容量调整方法, 是对虚级联技术的一种扩充。LCAS 可支持如下功能：可以动态地调整业务带宽，而不会影响原有业务的可用性；如果虚级联中存在失效的物理通道，可屏蔽这些物理通道，虚级联通道中其他的物理通道依然可以传送业务，从而避免单一物理通道失效而导致的业务中断。

LCAS 是应用在虚级联基础上的能提高其性能的技术之一。它的大致原理就是利用 SDH 的保留开销字节（高阶虚级联时采用 H4 字节，低阶虚级联时采用 K4 字节）来传递控制信息，动态地调整用来映射所需业务的虚容器数量，从而适应不同的业务带宽需求，提高带宽利用率。

LCAS 的实现机制：通过源端和宿端的握手协议完成带宽的增加、删除操作，以及失效成员的屏蔽、恢复等操作；使用 SDH 开销字节 H4/K4（高阶虚级联采用 H4 字节，低阶虚级联采用 K4 字节）携带控制信息，在源端和宿端之间进行握手操作。

6. EoS 封装技术

MSTP 中定义了 4 种标准封装协议：HDLC（高级数据链路控制）、LAPS（SDH 链路接入规程）、GFP（通用成帧协议）、ML–PPP（PPP 的扩展协议）。各个厂商可以选用不同的封装协议。

以太网封装格式的互通十分重要，如果不同厂商的封装格式能够互通，则意味着 GE 或 FE 业务不仅可以跨越不同厂商的 SDH 网络，而且不再需要两端的 SDH 设备为同一厂商的，不同厂商设备组成的 SDH 网络对于以太网业务将成为透明通道，为更大范围地组织二层网络提供了基础。

HDLC：高级数据链路控制协议，技术成熟。支持链路形式为多点到点。

ML–PPP：是 PPP 的扩展协议，在 PPP 的基础上，捆绑了虚级联的功能。ML–PPP 将多个物理链路捆绑成一个逻辑链路，扩大了传输带宽；解决了多径传输时延问题，组网更加灵活；效率低，实现复杂。支持链路形式为点到点。

LAPS：建立面向字节同步的点对点链路；针对 IP over SDH、Ethernet over SDH 的特点对 PPP–HDLC 进行了优化，大颗粒数据包封装效率得到提高；无多通道绑定能力，需要靠虚级联实现带宽可控。支持链路形式为点到点。

GFP：将数据信号映射到 SDH 或 OTN 的通用成帧协议。采用差错控制定帧；支持成帧映射和透明传送两种工作模式；为标准封装协议。支持链路形式为点到点或环。

7. GFP

GFP 可以把变长的净负荷映射到字节同步的传送通道中。GFP 具有数据头的纠错和将通道标识符用于端口复用（可以用于将多个物理端口复用成一个网络通道）的功能。

GFP 标准化程度高，是数据业务映射到 SDH/OTN 的标准方式，符合 ITU–T G.7041 协议。GFP 目前支持帧映射和透明映射，能够对用户数据信号进行统计复用，可以更有效地防止由于误码引起的错帧，更有利于各厂商的互联互通。

最重要的一点是，GFP 可以支持帧映射和透明映射两种工作模式，这样可以支持更多的应用。帧映射的工作方式是将已经成帧的客户端数据信号的帧封装进 GFP 帧中。其在子速率级别上支持速率调整和复用。

透明映射模式则完全不同，因为它接受原数字信号并不改变它，仅是在 SDH 的帧内用低开销和低时延的数字封装的方式来实现。

从原理上讲，GFP 可以封装任何协议，可以保证简单的协议在光层上的融合，还可以保证灵活性和更细的带宽颗粒。

特点：支持统计复用；支持逻辑环形组网；支持带内 OAM（操作、运维、管理）；开销小，封装效率高。

GFP 封装帧结构如图 4-17 所示。

图 4-17　GFP 封装帧结构

GFP 封装类型：GFP-F（Frame-Mapped GFP）、GFP-T（Transparent GFP）。

GFP 封装帧结构：核心头、净负荷区。

GFP 有以下两种工作模式。

① GFP-F 是一种面向 PDU（如 IP、Ethernet）的处理模式，在映射的时候，以太网 MAC 帧的上一层 PDU 与 GFP PDU 之间是一对一映射的。

② GFP-T 是一种面向数据编码块的处理模式，这种模式通过透明映射把 8B/10B 净负荷映射到 GFP 中可以实现低时延传输。可以进行透明映射的信号包括 FC、ESCON、FICON、GE。这种方式不需要缓冲整个帧，客户信号的每个字分别经过解码，然后再映射到固定长度的 GFP 中去，而不需管客户字是数据字还是控制字，这样就保护了客户信号的 8B/10B 控制字。

以太网 MAC 帧的封装：以太网 MAC 帧从目的地址到帧校验序列之间的内容被放在 GFP 的净负荷信息域中，封装到 GFP 帧中的字节顺序和比特顺序都没有改变。

当客户信号不是本地经过 GFP 帧映射的情况时，可能需要进行以太网帧间隙（IFG）的删除和恢复，依据的规则如下。

① IFG 在源端进行 GFP 适配之前删除，在宿端 GFP 解适配之后插入。

② 当以太网 MAC 帧被从客户数据中提取时，IFG 被删除，然后设备对提取的以太网 MAC 帧进行 GFP 的源端适配处理，最后再将其封装到 GFP 帧中。

③ 设备在从收到的 GFP 帧中提取出以太网 MAC 帧后，IFG 被恢复；通过 IPG 的恢复来保证收到的连续以太网 MAC 帧间有足够的包含 00 的字节，可以满足最小 IFG 的要求（16 字节）。

4.4.4　以太网业务与应用

1．应用场景

在铁路行业的应用场景：传输承载视频监控；承载沿线区间 GSM-R 基站、信号中继站、牵引机房的室内外、电力点的室内外、公跨铁桥等的视频/图像业务。

电力调度数据网承载生产调度业务，是电力信息化的核心网络之一。

在电力调度系统中，调度数据都是以以太网业务的形式在传送网络和数据网络中传输的，如图 4-18 所示。

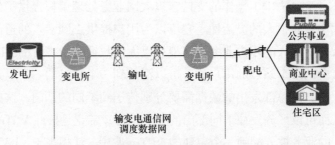

图 4-18　电力调度系统

2．以太网业务介绍

（1）EPL

EPL（以太网专用线路）接入业务也可理解为透传，透传的含义就是用户数据在接入、传送、接收过程中所经过的传送网对于用户的数据来说就像一条专线一样。

在 EPL 业务中，一个用户独占一个 VCTrunk，不需要与其他用户共享带宽，因此具有严格的带宽保障和用户隔离机制，不需要采用其他的 QoS 机制和安全机制。

图 4-19 为点到点透传业务。

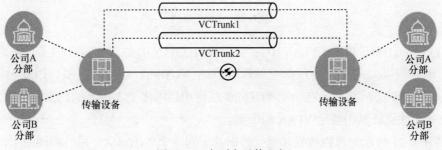

图 4-19　点到点透传业务

A、B 两公司通过传输设备传送数据业务，两个站点各配置一块以太网业务处理单板。A 公司和 B 公司的业务完全隔离，A 公司和 B 公司使用的带宽可通过绑定 VC-12、VC-3、VC-4 的数量而定。

图 4-19 中采用点到点的透明传送方式，EPL 业务在线路上独享带宽，且和其他业务完全隔离，安全性高，适用于大客户专线应用。

（2）EVPL

EVPL（以太网虚拟专用线路）：又可称为 VPN 专线，优点在于不同业务流可共享 VCTrunk 通道，使得同一物理端口可提供多条点到点的业务连接，并在各个方向上的性能相同，接入带宽可调、可管理，业务可收敛实现汇聚，节省端口资源。

EVPL 可通过 VLAN ID 标签对业务实现隔离，或采用 MPLS 标签、QinQ VLAN 嵌套对业务实现隔离。EVPL 业务可通过 VLAN ID、MPLS 标签及 QinQ 技术实现数据隔离，提供端口共享及 VCTrunk 共享业务。

EVPL 外部端口共享：业务通过 VLAN ID 在外部 MAC 端口实现隔离。

通过对 TAG（VLAN ID）操作的支持，以太网业务处理单板提供了外部端口共享功能，在组网应用中具有很大的灵活性。它可以为用户提供点到多点的透传业务，即一个站点的一个以太网口接入的用户业务可以根据以太网数据帧中携带的 VLAN ID，被送到不同的站点；反向的多个站点的用户业务可以汇聚到一个站点的一个以太网端口。

在图 4-20 中，从总部发出的数据需要分别传送到不同的部门，这些数据带有不同的 VLAN ID，从而可以区分发往不同部门的业务信号；带宽是按照 VCTrunk 来进行分配的，一个 VLAN 的业务被分配到一个单独的 VCTrunk 中，就相当于 VLAN 的带宽得到了保证。采用这种方式可以实现以太网业务点到多点的组网应用。VLAN 标签的识别功能，可以使多条业务共享端口，从而节省端口资源。

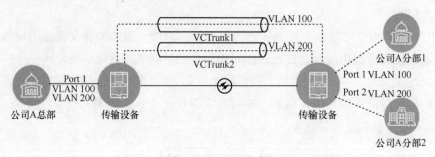

图 4-20　EVPL 业务

EVPL-VCTrunk 共享（VLAN ID）：业务通过 VLAN ID 在 VCTrunk 内实现隔离。

由于一块以太网业务处理单板可以提供的 VCTrunk 通道数有限，因此可以采用 VCTrunk 共享的方式组网，在一个 VCTrunk 通道中传输多个 VLAN 的以太网数据。但在这种方式无法保证其中特定 VLAN 的带宽。

如图 4-21 所示，监控数据和调度数据共享同一个 VCTrunk，通过不同的 VLAN ID 实现业务隔离。当两个以上用户共享 VCTrunk 时，特定用户的带宽资源无法得到保证。例如，两个用户共享一个 VCTrunk，当一个用户占用了 90%的带宽，则另外一个用户的可用带宽仅为 10%。通过为不同用户设置 CAR（承诺访问速率）来控制接入速率的方式可以实现业务的汇聚和线路上的带宽共享。VLAN 标签识别可以使多条业务共享 VCTurnk，从而节省带宽资源。共享带宽的用户以自由竞争的方式来抢占带宽，适用于业务高峰相错的不同用户共享。

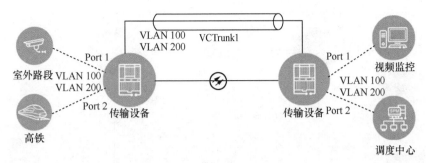

图 4-21　EVPL-VCTrunk 共享

MPLS 是一种在开放的通信网上利用标签引导数据高速、高效传输的技术。多协议的含义是指 MPLS 不但可以支持多种网络层层面上的协议，还可以兼容多种数据链路层技术。

QinQ：携带两种不同的标签，分别为 C-VLAN、S-VLAN。

QinQ 是指将用户私网 VLAN 标签封装在公网 VLAN 标签中，使报文带着两层 VLAN 标签穿越运营商的骨干网络，在公网中只根据外层 VLAN 标签传播，私网 VLAN 标签被屏蔽，这样，不仅对数据流进行了区分，而且由于私网 VLAN 标签被透明传送，不同的用户 VLAN 标签可以重复使用，只需要外层 VLAN 标签在公网中唯一即可。这也扩大了可利用的 VLAN 标签的数量。

（3）EPLAN

EPLAN（以太网专用局域网）也称为二层交换业务，可实现多点到多点的业务连接。接入带宽可调、可管理，业务可收敛、汇聚。其优点与 EPL 类似，在于用户独占带宽，安全性好。

EPLAN 的重点在于利用了二层交换。EPLAN 组网可以实现 EPL 和 EVPL 组网中不涉及 MPLS 方式的所有组网类型，且其特有的组网方式为多点共享。

如图 4-22 所示，H 公司的 3 个分部分别位于 NE A、NE B 和 NE D，分部间需要信息共享，两两之间要求能够互相访问，这时 NE B 的以太网单板需要完成以太网二层交换功能。EPLAN 业务可以实现以太网业务的多点动态共享，符合数据业务的动态特性，从而节省带宽资源。为了避免广播风暴，EPLAN 业务不能配置成环。如果 EPLAN 业务配置成环，则在网络中必须启动 STP，以避免广播风暴的出现。这里涉及网桥的概念，由于 EPLAN 是基于 IEEE802.1d 实现的，因此也将 EPLAN 称为 802.1d 网桥。

IEEE 802.1q 网桥：数据的转发基于 MAC 地址及数据所携带的 VLAN ID；支持一层 VLAN 标签的数据隔离；对进入网桥的数据帧进行 VLAN 标签内容的检查，基于数据帧的目的 MAC 地址和携带的 VLAN ID 进行二层交换。

如图 4-23 和图 4-24 所示，H 公司和 G 公司的分部间需要进行通信，而 H 公司和 G 公司的数据要实现隔离，两公司共享网元间的相同 VCTrunk 进行业务传送，此时在 NE A 配置的 VB 需要通过不同的 VLAN ID 来对不同的业务信号进行隔离。NE B 配置的 VB 需要挂接的端口包括：Port1、Port2、VCTrunk 1 及 VCTrunk2，并需要配置 VLAN 转发表。

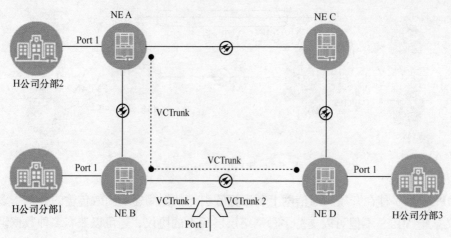

图 4-22 EPLAN（802.1d 网桥）

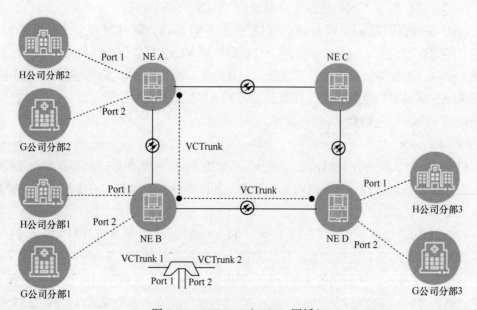

图 4-23 EVPLAN（802.1q 网桥）

VLAN过滤表（H公司）	
VLAN 100	VCTrunk 1
	VCTrunk 2
	Port 1

VLAN过滤表（G公司）	
VLAN 200	VCTrunk 1
	VCTrunk 2
	Port 2

图 4-24 VLAN 过滤表 1

IEEE 802.1ad 网桥：数据的转发基于 MAC 地址及数据所携带的 S-VLAN；支持两层 VLAN 标签的数据帧；采用外层 S-VLAN 来进行 VLAN 隔离；只支持挂接端口属性为 C-Aware 和 S-Aware 的端口；对进入网桥的数据帧不进行 VLAN 标签内容的检查，基于数据帧的目的 MAC 地址进行二层交换；对进入网桥的数据帧进行 VLAN 标签内容的检查，基于数据帧的目的 MAC 地址和携带的 S-VLAN ID 进行二层交换。

如图 4-25 和图 4-26 所示，两个住宅小区的 VoIP 业务和高速上网业务需要分别接入 VoIP 服务器和高速上网服务器，在传送过程中，需要在传送网络侧对 VoIP 业务和高速上网业务分别调度并实现数据隔离。此时，NE B 所配置的 VB 需要为不同的用户添加不同的 S-VLAN 进行业务识别。业务进入 NE B 的 VB 时需要添加 S-VLAN，输出时需要剥离 S-VLAN。

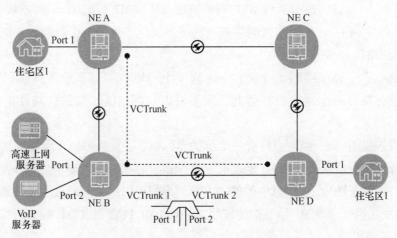

图 4-25　EVPLAN（802.1ad 网桥）

VLAN过滤表（高速上网）	
	VCTrunk 1
S-VLAN 100	VCTrunk 2
	Port1

VLAN过滤表（VoIP）	
	VCTrunk 1
S-VLAN 200	VCTrunk 2
	Port 2

图 4-26　VLAN 过滤表 2

3. 以太网特性介绍

（1）ETH OAM

ETH OAM 是一种基于 MAC 层的协议，通过发送 OAM 协议报文来检测以太网链路。

ETH OAM 协议作为低速率协议，所占用的网络带宽很小，通常不会对链路所承载的业务造成影响。

以太网业务 OAM 关注端到端以太网链路的维护。它的应用是以业务为基础的。它以"维护域"为单位实现端到端的检测，对网络中同一业务流流经的各个网络段进行分段管理。

以太网端口 OAM 关注 EFM（以太网最后一公里）的两台直连设备之间的点到点以太网链路维护。它的应用不针对具体的业务。它通过 OAM 自动发现、链路性能监控、故障检测、远端环回、自环检测来完成以太网点到点链路的维护。

CC（连续检测）：通过 MEP（维护联盟边缘节点）之间周期性互发 CCM（连续监测报文）来检测各 MEP 之间的连通性。

LB（环回）：可以实现由源端 MEP 到维护域内任一 MP（维护点）链路状态的检测。

LT（链路追踪）：在环回测试的基础上进一步强化了故障定位的能力，能够实现一次定位故障网络段。

OAM Ping：一种在线测试方法，一定程度上可以模拟测试业务因误码导致的丢包率和时延；在检测连通性的基础上实现了对以太网 MAC 层的链路性能的精细化管理。

MP（维护点）：每个维护点拥有一个维护点标识，在同一 MA（维护联盟）内，该 ID 唯一。各维护点信息通过 MAC 地址表、维护点表和路由表来记录。业务类型、业务 ID、VLAN 标签是 MP 配置信息中的关键内容。维护点以广播的形式周期性地向与业务相关的 MP 发送携带了本 MP 信息的协议报文，其他 MP 接收到该协议报文后将该信息记录下来，以备使用。

MP 分为 MEP 和 MIP（维护联盟内部节点）。

① MEP：定义了 MA 的起始位置，是 OAM 报文的发起和终结点，与业务相关。

② MIP：不能发起 OAM 报文，可以响应和转发 LB 报文和 LT 报文，但只能转发 CC 报文。

MD（维护域）：以网络段作为管理单位，实现对网络中同一业务流流经的各个网络段的分段管理。同时，网络中不同业务流也需要被区分开来分别进行管理。以太网业务 OAM 通过以 MD 为单位的端到端的检测方法，实现对以太网的维护。从 OAM 的角度讲，MD 可以理解为一个服务实例上的所有 MP 的集合，这些 MP 包括 MEP 和 MIP，在需要维护的管理段两端分别建立 MEP 以设定维护域的范围，其他位置按需要建立 MIP。

MA（维护联盟）：一个 VLAN 对应一个业务实例，划分 MA 可实现对传输某个业务实例的网络的连通性的故障检测。MA 是 MD 的一部分。一个 MD 可以划分成一个或多个 MA。MA 的级别等于它所在的 MD 的级别。

（2）端口镜像

端口镜像技术通过将一个端口的流量或端口中的部分业务复制到另一个端口，结合仪表能够满足在不影响业务的情况下，对故障的快速定位和对业务流量的实时监控的要求。

端口镜像具有以下特点：镜像的范围是整个物理端口；应用于在线故障定位，通过端口镜像功能将一个端口的流量或端口中的部分业务复制到另一个端口，借助仪表定位网络故障；借助分析仪能够对流量进行监控。

镜像源作用点方向为入方向和双向。

入方向：镜像观测点复制的是进入设备的业务

出方向：镜像观测点复制的是设备发送的业务。

双向：镜像观测点复制的是进入设备的业务和设备发送的业务。

相比端口镜像只能对整个端口的业务进行复制和监控，端口流镜像可将端口镜像和流分类相结合，通过 VLAN 标签、VLAN 优先级、IP 报文优先级、报文的目的 MAC 等流分类实现对端口上的流量更加精细的复制和监控，定位故障更加精准。

（3）测试帧

测试帧主要应用于开局调试以太网业务或者定位以太网业务故障。测试帧是通过在设备端口发送测试帧报文，实现对网络运行状态的检测。

在正常情况下，路由器 R1 和路由器 R2 的数据通过服务网络进行数据交互。如果用户发现网络不正常，可以通过在 NE1 和 NE2 之间传递测试帧和响应帧的方式，定位 NE1 和 NE2 之间的故障；或者排除 NE1 和 NE2 之间服务网络故障的可能性，将故障定位在接入网络，如图 4–27 所示。

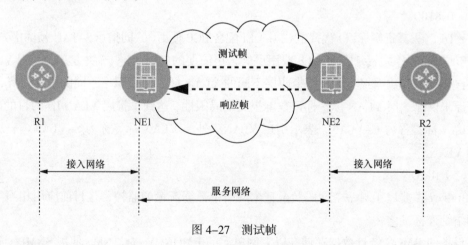

图 4–27　测试帧

发送测试帧进行测试时，不建议进行其他操作，并且发送测试帧会影响用户正常业务，请谨慎操作。

（4）QinQ

QinQ 是一种基于 802.1q 封装的二层隧道协议，将用户的 VLAN 标签封装在运营商的 VLAN 标签中，报文带着两层 VLAN 标签穿越运营商的骨干网络，从而为用户提供二层 VPN 隧道，如图 4–28 所示。

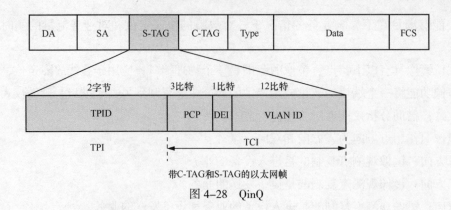

图 4-28   QinQ

QinQ 技术的主要作用如下。

① QinQ 技术可使 VLAN ID 数目增加到 4094×4094 个，有效缓解了 VLAN ID 资源紧张的问题。

② 用户和运营商网络可以各自独立灵活地规划 VLAN 资源，简化了网络配置和维护工作。

③ 可替代 MPLS，提供费用更低、更简便的二层 VPN 解决方案，使以太网业务规模由 LAN 扩展到 WAN。

④ 带 C-TAG 和 S-TAG 的以太网帧，在 C-TAG 前增加了 S-TAG。

S-TAG 和 C-TAG 相比有如下两点差异。

- TPID 不同：802.1ad 规定的 S-TAG 中的 TPID 为 0x88a8，而 C-TAG 中的 TPID 是 0x8100。
- DEI（丢弃资格标识）代替了 CFI：DEI 配合 PCP 使用，共同指示 S-TAG 帧的优先级。

⑤ QinQ 提供了一种比 MPLS 费用更低、更简便的二层 VPN 解决方案。利用 VLAN 堆叠嵌套技术，数据报文通过携带两层不同的 VLAN 标签，标识出不同的报文业务，改变了原来仅靠一层 VLAN 标签标记数据报文的局限性，达到了扩展 VLAN ID 的目的。内层 VLAN 标签称为 C-VLAN，表示用户 VLAN；外层 VLAN 标签称为 S-VLAN，表示运营商 VLAN。

（5）RMON

RMON 主要用于对一个网段乃至整个网络中数据流量的监控，是目前应用相当广泛的网络管理标准之一。

设备的 RMON 统计数据存储在以太网单元的 RMON Agent，NMS 使用 SNMP（简单网络管理协议）的基本命令与 RMON Agent 交换、收集统计数据，帮助运维人员完成以太网业务的实时监控、错误检测、故障分析和处理。

统计组：实时查询端口各项性能，如当前一定周期内的接收和发送的不同长度的报文数量、丢包事件的次数等。

告警组：长期监控重要的端口性能数据，当被监视数据的值越过定义的阈值时会上报告警事件，如收到的坏包字节数量越限、丢包事件的次数越限等。

历史控制组：周期性地采集和存储需要监视的端口性能数据。

历史组：查询和筛选所需的历史性能数据，帮助运维人员进行故障分析和诊断。

本章小结

本章讲解了以太网的基本原理和技术，以及 EoS 级联与封装技术；介绍了行业常见的以太网业务场景及业务类型，以及 TDM 业务、PCM 业务、OTN 业务和以太网业务等；说明了以太网 ETH OAM、端口镜像、测试帧、QinQ 和 RMON 等特性。

第5章
传送网保护

本章主要内容

　　传送网作为基础网络设施，广泛应用于运营商网络和行业专网，可部署在接入层、汇聚层和骨干层，承载了海量的客户业务，因此对于网络的可靠性要求极高。

　　本章主要介绍传送网保护的基本知识，分析不同保护方式的工作原理及其应用场景。

5.1　保护原理

5.1.1　自愈网的概念

1. 自愈的概念

　　当今社会各行各业对信息的依赖愈来愈大，要求通信网络能及时准确地传递信息。随着网上传送的信息越来越多，传送信号的速率越来越快，一旦网络出现故障，将对整个社会造成极大的影响。因此网络的生存能力即网络的安全性是当今首要考虑的问题。

　　自愈是指在网络发生故障（例如光纤折断）时，无须人为干预，网络在极短的时间内（ITU-T 规定为 50ms 以内），自动地从故障中恢复业务传输，使用户几乎感觉不到网络出现了故障。其基本原理是网络要具备发现替代路由并重新建立通信的能力。替代路由可采用备用设备或利用现有设备中的冗余能力，以满足全部或指定优先级业务的恢复。由上可知，网络具有自愈能力的先决条件是要具有冗余的路由、网元强大的交叉能力以及网元的智能性。

　　自愈仅是通过备用信道将失效的业务恢复，而不涉及具体故障的部件和线路的修复或更换，所以故障点的修复仍需要人工干预才能完成，断了的光缆还需要人工接好。

　　目前环形网络的拓扑结构用得最多，因为环形网具有较强的自愈功能。自愈环可按保护的业务级别、环上业务的方向、网元节点间的光纤数来分类。

　　按相邻网元节点间的光纤数可将自愈环划分为双纤环（一对收发光纤）和四纤环（两对收发光纤）。

　　按环上业务的方向可将自愈环分为单向环和双向环两大类。

　　单向环是指在网络正常的情况下，业务收发的路由是不一致的。我们称分离路由的业务为单向业务。

　　双向环是指业务收发的路由是一致的，即对应于一致路由。我们称一致路由的业务为双向业务。

2. 网络拓扑

　　传送网支持点到点、链形、环形等组网方式，支持 MSTP 设备和 NG WDM 设备共同组网，实现完整的传送网解决方案。不同的组网形式有不同的应用场景，实际中可根据业务需求选择不同的组网方式。

　　（1）点到点组网

　　点到点组网是最简单的一种组网形式，用于端到端的业务传送。点到点也是最基本的组网形式，其他组网方式均以此为基础。点到点组网一般用于常见的语音业务、数据专线业务和存储业务。

（2）链形组网

当部分波长需要在本地上下业务，而其他波长继续传输时，就需要采用光分插复用设备组成的链形组网方式。链形组网应用的业务类型与点到点组网类似，且更加灵活，可用于点到点业务，也可用于简单组网形式下的汇聚式业务和广播业务。

（3）环形组网

网络的安全可靠是网络服务质量的重要体现，为了提高传送网络的保护能力，传送网的规划大部分都采用环形组网。环形组网适用范围广，可用于点到点业务、汇聚式业务和广播业务。环形组网还可以衍生出各种复杂的网络结构，如两环相切、两环相交、环带链等。

（4）子网

在网络拓扑中，子网就像一个容器，可以包含网络节点、网络连接（链路），甚至可以包含更低层次的子网，如图 5-1 所示。

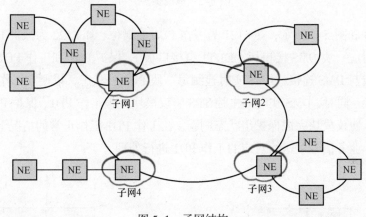

图 5-1　子网结构

5.1.2　设备级保护

1. 电源保护

PIU：滤波，外部电源防护。

设备外部两路电源输入，一主一备，连接设备机柜内部上方的直流配电盒，用于给设备供电。左侧输出电缆端子座给子架 1 和子架 2 左侧的电源接口板供电，右侧输出电缆端子座给子架 1 和子架 2 右侧的电源接口板供电，如图 5-2 所示。

2. TPS 保护

TPS 保护属于单板级保护，工作处理板故障时，通过 TPS 保护可以将接口板到工作处理板的业务信号快速倒换到保护处理板上，实现对业务处理板上通过接口板输入的电信号业务的保护。

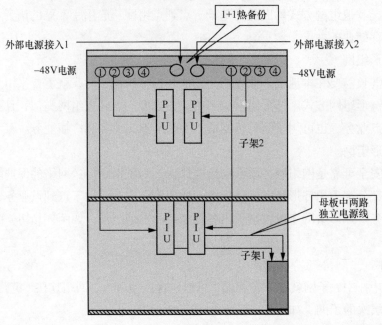

图 5-2　电源保护

如图 5-3 和图 5-4 所示，slot 121 为工作 PD1 的槽位，slot 122 为保护 PD1 的槽位，每两个槽位对应一块 DMS 接口板（E1/T1 电接口板）。保护 PD1 和工作 PD1 通过各自的单板状态总线与 DMS 连接，DMS 实时检测每一块 PD1 的状态，以便在工作 PD1 故障时启动保护倒换。同时，DMS 实时向主控 TPS 协议模块上报工作 PD1、保护 PD1 单板的状态，主控 TPS 协议模块完成保护组状态刷新。在工作 PD1 工作正常的情况下，DMS 将接收到的 E1/T1 业务信号发送给对应的工作 PD1 进行处理。

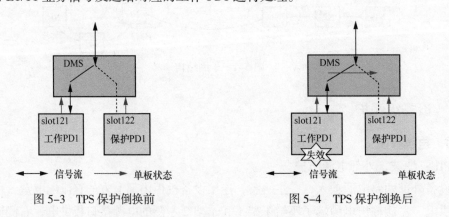

图 5-3　TPS 保护倒换前　　　　　　　　　图 5-4　TPS 保护倒换后

当工作 PD1（slot 121）故障时，设备执行 TPS 保护倒换，倒换过程如下：DMS 通过单板状态总线检测到工作 PD1 故障，如果保护 PD1 工作正常，则 DMS 把业务切换到保护 PD1 进行处理，从而完成保护倒换。

当故障 PD1 恢复正常后，设备执行 TPS 保护倒换恢复，倒换恢复过程如下。

① DMS 通过单板状态总线检测到故障 PD1 恢复正常。

② TPS 保护组进入等待恢复状态。在经过设置的等待恢复时间后，主控协议模块通过系统给 DMS 发送倒换恢复消息。

③ DMS 响应倒换恢复消息，将业务转接到恢复正常的 PD1，并关断其发送给保护 PD1 的业务。

④ 恢复正常的 PD1 接收并处理 DMS 接入的业务，从而完成保护倒换恢复。

3. 单板 1+1 保护

（1）主控板 1+1 保护

主备主控板互为备份，主板和备板通过背板控制和通信总线、时钟总线同时连接到各业务槽位。

（2）交叉板 1+1 保护

主备交叉板通过电交叉总线同时连接到业务交叉槽位对电层业务进行保护。

（3）风扇冗余保护

风扇冗余：风机盒中任意一个风扇坏掉时，系统可在 0℃ ～ 45℃环境温度下正常运转 96 小时。

5.1.3　子网连接保护

子网连接保护（SNCP）采用 1+1 保护方式，具有双发选收的特点。SNCP 是基于业务的保护，无站间协议，保护的所有监测、倒换动作，都是单站完成的，稳定性高，业务配置灵活多变。SNCP 可用于对跨子网业务的保护，可以提供环带链、环相切、环相交和两环 DNI 连接等组网形式的保护，使用时具有较大的灵活性，如图 5-5 所示。从它的保护形式上看，可以认为它是通道保护的扩充。

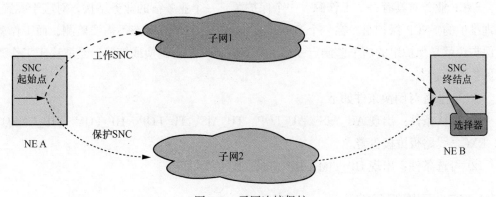

图 5-5　子网连接保护

这里的子网是个广义的概念，是指可以提供工作路径或保护路径的各种网络拓扑，如一条链、一个环或更复杂的网络，也可以简单到只是根光纤。

SNCP 的保护原理是双发选收，即通过在业务的接收端对业务发送端双发过来的两个业务源实行检测选收来实现保护的功能，这一点与通道保护相似。

SNCP 支持的业务类型相当齐全，既可以支持 VC-12、VC-3 等低阶业务，也可以支持 VC-4、VC-4 级联等高阶业务。多种业务可以同时进行混合的 SNCP 保护，并且 SNCP 保护是以单个业务作为基本单位的，各 SNCP 保护业务的逻辑、状态之间相互独立，独立性强。

SNCP 保护和通道保护的区别，从具体实现上看，通道保护在收端选收业务时，由支路板完成选收判断的动作，而 SNCP 保护则是在交叉板上完成选收判断的动作。因此，SNCP 保护可以对由线路到线路穿通的业务进行保护，而通道保护只能保护本地支路上的业务。通道保护如图 5-6 所示。

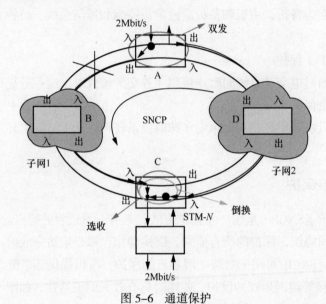

图 5-6　通道保护

SNCP 业务对具有一个工作源、一个保护源、一个业务宿的业务结构，对应于配置、管理维护的 SNCP 保护组。在一个 SNCP 业务对中，宿节点状态不需要监测，而工作源和保护源就是保护组的两个监测点，即 SNCP 业务对是否倒换或恢复，是取决于工作源和保护源的状态。

SNCP 业务对倒换条件如下。

① 默认条件：出现 AU_AIS、AU_LOP、TU_AIS、TU_LOP、HP_LOM、HP_UNEQ、B3_EXC、线路板拔板告警。

② 可选条件：出现 HP_TIM、HP_SLM、B3_SD 告警。

5.1.4　SDH 网络级保护

1. 线性复用段保护

（1）1+1 线性复用段保护

线性复用段保护（LMSP）用于点到点拓扑，提供两个 SDH 光纤节点之间的保护。

1+1 线性复用段保护需要一个工作通道和一个保护通道。当工作通道不可用时，业务倒换到保护通道进行传输。

1+1 线性复用段保护的保护通道不能配置额外业务。

（2）1:*N* 线性复用段保护

1:*N* 线性复用段保护需要 *N* 个工作通道和 1 个保护通道。正常业务在工作通道上传送，额外业务在保护通道上传送。当工作通道不可用时，业务倒换到保护通道进行传送，原来在保护通道上传送的额外业务中断。

线性复用段保护利用复用段开销（MSOH）K1、K2 字节，实现工作路径故障后的自动保护倒换，从而达到保护业务的目的。

单端倒换：在单端倒换模式下，只有一端发生倒换，另一端状态不变。

双端倒换：一端检测到故障发生倒换时，不管另一端有没有故障，两端同时进行倒换。

倒换模式包括恢复式和非恢复式。"恢复"是指工作通道恢复正常后，业务自动切换回工作通道，"非恢复"是指工作通道恢复正常后，业务不会自动切换回工作通道。

线性复用段的倒换方式与倒换恢复方式的设置建议如下。

① 1+1 保护：倒换方式建议设置为单端倒换，倒换恢复方式建议设置为非恢复式。

② 1:*N* 保护：倒换方式必须为双端倒换，倒换恢复方式建议设置为恢复式。

线性复用段的主备端口的选择无限制要求，主备端口可以在同一单板，也可以在不同单板。

倒换点：交叉连接单元。

线性复用段保护的倒换条件如下。

1）自动倒换

信号失效（SF）：出现 R_LOS、R_LOF、MS_AIS、B2_EXC 告警。

信号劣化（SD）：出现 B2_SD 告警。

2）手动倒换（锁定、强制、手动、清除）

保护特点：采用 ITU-T G.841 中的复用段协议；倒换动作由软件和硬件共同完成；线性复用段保护倒换业务中断时间小于 50ms。

2. 二纤双向复用段共享保护环

一般环形网络中的网元类型为 ADM。通常每个网元需要两块光板组环，且安装在对偶板位上。一方面，主控单元在失效时可以实现开销（OAM 信息）在对偶板位之间的穿通，便于其他站点、网管之间的 OAM 信息传递；另一方面，工程规范也要求 ADM 网元的两块光板要安装在对偶板位上，这一点对于 MSP 环尤为重要。否则，MSP 环可能倒换时间超标或倒换失败。环形复用段对环网节点之间的业务提供复用段级的保护。

通常，在组环网时，我们把对偶板位中左侧的板位称为或定义为西向，右侧的板位称为或定义为东向。根据组网图，在站点之间的光纤进行连接时，一个站的东向光板与下游站点的西向光板相连，各站点顺次连接，形成环状。此时，从一个站点的东向光板到下游站点西向光板的方向就是我们通常说的主环方向，反方向即为备环方向，如图 5-7 所示。

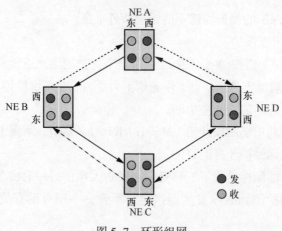

图 5–7　环形组网

　　一般，我们把主环方向表示为逆时针方向。但本质上，主环方向是由站点之间的光纤连接关系决定的。

　　二纤双向复用段共享保护环上的两个节点间只需两根光纤。我们将每个传输方向的光纤的容量一分为二：前一半分配给工作通道，后一半分配给保护通道，即一条光纤同时载送工作通道（S1）和保护通道（P2），另一条光纤上同时载送工作通道（S2）和保护通道（P1）。

　　在通常情况下，一条光纤上的工作通道（S1）由沿环的相反方向的另一条光纤上的保护通道（P1）来保护，即一根光纤的后一半通道保护另一根光纤的前一半通道。例如，S1/P2 光纤上的 P2 时隙用来保护 S2/P1 光纤上的 S2 业务，同理，P1 时隙保护 S1 业务。这就允许工作业务双向传送。

　　在网络正常的情况下，网元 A 到网元 C 的主用业务放在 S1/P2 光纤的 S1 时隙（对于 STM–16 系统，主用业务只能放在 STM–N 的前 8 个时隙 1#–8#STM–1[VC–4]中），备用业务放于 P2 时隙（对于 STM–16 系统只能放于 9#–16#STM–1[VC–4]中），沿光纤 S1/P2 由网元 B 穿通传到网元 C，网元 C 从 S1/P2 光纤上的 S1、P2 时隙分别提取出主用、额外业务。

　　网元 C 到网元 A 的主用业务放于 S2/P1 光纤的 S2 时隙，额外业务放于 S2/P1 光纤的 P1 时隙，经网元 B 穿通传到网元 A，网元 A 从 S2/P1 光纤上提取相应的业务，业务信号流如图 5–8 所示。

　　当网元 A 与网元 B 之间的光缆中断后，全网进行 MSP 倒换。

　　网元 A 到网元 C 的业务方向：网元 A 到网元 C 的业务在网元 A（故障端点）进行桥接倒换，即，将原本在 S1/P2 光纤上 S1 时隙的业务由交叉单元直接倒换到 S2/P1 光纤上的 P1 时隙上去，此时 S2/P1 光纤的 P1 时隙上的额外业务被中断；然后，沿 S2/P1 光纤的 P1（即保护通道）经网元 D、网元 C 穿通传到网元 B，在网元 B 执行桥接倒换动作（故障端点），即，将 S2/P1 光纤上的 P1 时隙所载的业务（包括 A 到 C 的业务）倒换回到 S1/P2 的 S1 时隙，业务占用工作通道（S1 时隙）从网元 B 传递到网元 C，网元 C 提取该时隙的业务，从而完成接收网元 A 到网元 C 的主用业务。

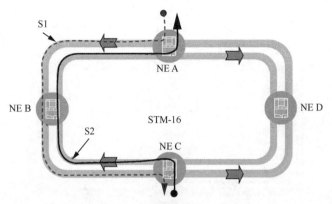

图 5-8　正常情况下的业务信号流

网元 C 到网元 A 的业务方向：网元 C 到网元 A 的业务，先由网元 C 将业务沿占用通道 S2 发到网元 B，在网元 B 执行桥接倒换动作（故障端点），即，将 S2/P1 光纤上的 S2 时隙所承载的主用业务倒换到 S1/P2 光纤的 P2 时隙上，这时 P2 时隙上的额外业务中断；然后，沿 S1/P2 光纤经网元 C、网元 D 穿通到达网元 A，在网元 A（故障端点）进行桥接倒换，将 S1/P2 光纤的 P2 时隙业务直接倒换到网元 A 落地。

以上方式完成了环网在故障时业务的自愈保护。请注意，在保护倒换状态下，业务是不经过倒换区段的光板的。其他区段（如网元 A~D 或网元 B~C）的主用业务仍然主用原有主用通道。保护倒换情况下的业务信号流如图 5-9 所示。

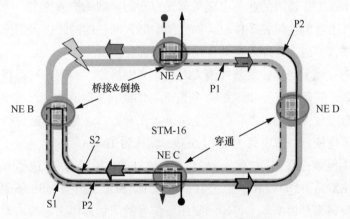

图 5-9　保护倒换情况下的业务信号流

网元 A 与网元 B 之间的光缆修复后，全网进入等待恢复态（WTR，默认为 10min）。此时全网业务仍然与倒换状态下的业务情况一致，即原本经过网元 A 与网元 B 之间（倒换区段）主用通道的业务将由光路正常的网元 A—D—C—B 区段的备用通道来保护，如图 5-10 所示。

在整个等待恢复态的时段内，如果网元 A 与网元 B 之间的光路一直正常，则全网进入正常状态，即所有业务恢复为原本配置的时隙通道，包括额外业务。等待恢复态可以避免在光缆修复过程中，光路不稳定而引起的网络频繁倒换，从而避免业务的多次瞬断。

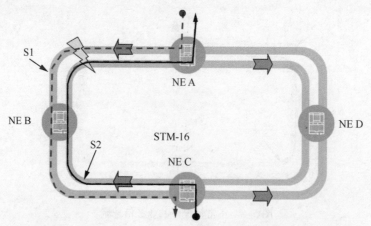

图 5-10   二纤双向复用段共享保护环业务恢复后的业务信号流

APS 协议的信息由复用段开销 K1、K2 字节传递。MSP 环若要正确地倒换和恢复，需要环上所有网元都能正常处理 APS 协议和倒换动作，涉及环上所有网元的光板、主控单元和交叉单元。

在 MSP 环中，网元可能会在 4 种复用段状态中迁移。

正常态：全网处于正常状态，没有光路告警或外部命令触发倒换，这也是 MSP 环通常所处的状态。

倒换态：环上有倒换触发条件时，如光缆中断，两侧的网元进入倒换态，即进行桥接倒换，将原本在工作通道的业务由交叉单元直接倒换到保护通道上。

穿通态：环上有倒换触发条件时，如光缆中断，两侧的网元进入倒换态，而此时环上其他网元将进入穿通态，即，将其备用通道全部穿通。

等待恢复态：环上倒换触发条件消失时，如光缆修复，两侧的网元将进入等待恢复态（其他网元仍处于穿通态），此时的业务情况与倒换状态时一致。若在整个等待恢复时间内，一直没有出现倒换触发条件，则全网进入正常态。这是为了避免线路不稳定而引起频繁倒换。等待恢复一般设置为 5～12min，默认为 10min。

MSP 环的倒换条件有 SF（信号失效）和 SD（信号劣化），通常 SF 包括 R_LOS、R_LOF、MS_AIS 和 B2_EXC（B2_OVER）等，SD 一般指 B2_SD。这里，MSP 环倒换是以复用段为基础的，倒换与否是根据环上传输的复用段信号的质量好坏决定的，而不是取决于某条链路业务的通断状态。因此，MSP 的保护方式完全是一种网络级保护，其本质不是直接针对某条链路业务进行保护，即便整个 MSP 环没有一个业务，MSP 倒换与恢复也不会受影响。

双向复用段环内的某个时隙被某个区间传输的业务占用后，在环内的其他光纤段上仍可以用该时隙来传输其他站之间的业务，即时隙可以被重复利用。这样，双向复用段环的业务总量可以随环上站点数的增加而增加。

二纤双向复用段保护环的业务容量与网络节点的数目及各节点之间业务的分布有关。当网络内业务的分布存在一个中心节点，其他节点的业务都是到这个中心节点的业务，不存在其他两两之间的业务，即环内业务出现集中分布的极端情况时，环网的业务容量最小且与环形节点数无关，为 STM-N。当网络内各节点只与相邻节点存在业务，即出现环内所有业务分散分布的极端情况时，环形网络的业务容量可达到最大，且与环上的节点数相关，为（$K/2$）× STM-N，这里，K 为环上节点个数。因此，二纤双向复用段环适合于环内业务分散的情况。

复用段保护环需要通过 APS 协议控制保护倒换，APS 协议实现起来比较复杂，且发生倒换时，由于涉及环上各站点的 APS 协议的通信过程，因此业务的保护倒换时间较长，但仍远短于 ITU-T 建议规定的 50ms。

ITU-T 建议，由 K1、K2 字节传递 APS 协议信息，其中，分别只有 4 个比特来表示源节点和目的节点地址，因此，复用段环中节点数目不能超过 16 个。

5.1.5　OTN 的网络级保护

1. 光线路保护

1+1 光线路保护原理：运用 OLP 单板的双发选收功能，在相邻站点间利用分离路由对线路光纤提供保护；OLP 单板的 RI1/TO1 光口对应工作线路光纤，RI2/TO2 光口对应保护线路光纤，倒换依据光功率进行。

光线路保护的范围：线路光纤，即从源 OLP 单板双发，到宿 OLP 单板选收，这之间的光纤。

光线路保护是在相邻站点间利用分离路由的光纤提供保护，因此也只有在链形组网中光线路保护才有意义。对于环形组网，站点间的业务可利用环网本身的不同路由进行保护，因此一般不会使用光线路保护。

光线路保护是分段进行的，如 A、B 间断纤，只会触发 A、B 间的 OLP 倒换，不会引发下游 B、C 和 C、D 站点间 OLP 的倒换。

在光线路保护中，OLP 一般配置在出站光纤前（1+1 OTS 路径保护），即 FIU（OSC）或 OA（ESC）后，理论上也可以配置在放大器与合分波板之间（1+1 OMS 路径保护），但这样需要使用两套 OA，不推荐。如果 B、C 都是纯光放站点，理论上也可以只在 A、D 站点使用 OLP 单板，B、C 不使用 OLP 单板，但这样有两个问题：B、C 需要使用两套 OLA；这样的配置依赖于 OA 板的自动关断功能，而该功能存在一定的时延，会使倒换时间加长。

1+1 光线路保护可以根据需要将倒换模式配置为"单端倒换"或者"双端倒换"。当倒换模式配置为"单端倒换"时不需要 APS 协议；倒换模式配置为"双端倒换"时需要 APS 协议。

光线路保护默认非恢复式，可以使用网管设置。

OLP 单板必须配置保护组才能工作，不同的保护组上报不同的 PS 告警。配置保护时，第一光口（TO1/RI1）的收发只能为工作通道，第二光口只能为保护通道，如图 5-11 所示。

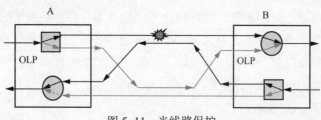

图 5-11　光线路保护

对于 1+1 单端倒换，POWER_DIFF_OVER（工作通道和保护通道的输入光功率差异越限）和 MUT_LOS（输入光功率丢失越限）都作为 SF 条件；对于 1+1 双端倒换，MUT_LOS 作为 SF 条件，POWER_DIFF_OVER 作为 SD 条件。

1+1 光线路保护的自动倒换触发条件如下。

① MUT_LOS：当 OLP 检测不到光功率时，触发保护倒换，门限可设置，默认为 −35dBm；

② POWER_DIFF_OVER：主备通道的差异越限门限可以设置，范围为 3～8dB，默认为 5dB。主备通道初始差异值需手动设置，范围为−10～10dB。

倒换条件为：

① 主备通道初始差异值——用于设置单板主备通道的光功率差异的基准值。

② 主备通道差异门限——用于设置单板主备光口光功率差异值达到视为信号失效（SF）的某个值。当主备通道光功率差异值超出门限后，光开关将业务切换至光功率较好的通道，设置的值支持查询。设置值推荐为 5.0。如果主备通道当前光功率差异值超过主备通道差异门限，系统将发生保护倒换。

2. 板内 1+1 保护

板内 1+1 保护分为 OTU 波分侧双发选收和 OTU 波分侧配合 OLP 双发选收两种方式，如图 5-12 所示。主备可通过软件设置，一般选择短径、线路损耗小的为主用；对于 OTU 波分侧双发选收方式，可设置恢复式/非恢复式，默认为非恢复式；对于 OTU 波分侧配合 OLP 双发选收方式，只能为非恢复式。

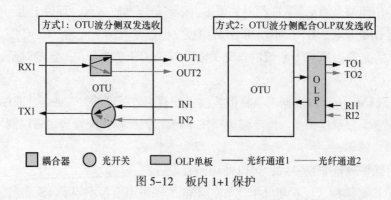

图 5-12　板内 1+1 保护

当业务从工作通道倒换到保护通道时，SCC 单板上报 OPS_PS_INDI 告警。

板内 1+1 保护的范围：OCh 路径上的光纤，即从源 OTU 单板双发，到宿 OTU 单板选收之间的光纤；无法保护 OTU 单板。

该保护一般用在环网组网，OTU 板内 1+1 保护利用环网上分离的路径进行保护，即业务随顺时针、逆时针方向在环上传送，最终到达目的节点。工作在主路，备路即使有误码也显示为 NORMAL。

板内 1+1 保护可以应用于链形组网和环形组网。

① 当用于链形组网时，板内 1+1 保护和光线路保护类似，需要在相邻站点间提供分离路由。

② 当用于环网时，板内 1+1 保护利用环网上分离的路径进行保护，即业务随顺时针、逆时针方向在环上传送，最终到达目的节点。

R_LOS 触发保护倒换。根据工程要求，在网管上设置 R_LOS 告警阈值，默认值是−35dBm。

OUT 波分侧配合 OLP 双发选收方式不支持光功率差异作为倒换条件。

保护原理如下。

① 双发选收，单端倒换，默认为非恢复式。

② APS 协议：不需要全网协议。

倒换条件如下。

① SF：OTU 检测到 R_LOS、R_LOF、ODUk_PM_AIS、ODUk_PM_OCI、ODUk_PM_LCK 告警或者 OLP 检测到 MUT_LOS 告警。

② SD：OTU 检测到 B1_SD、B1_EXC、ODUk_PM_DEG、ODUk_PM_EXC、OTUk_DEG、OTUk_EXC 告警。

3. 客户侧 1+1 保护

（1）保护原理

通过 SCS 单板、OLP 单板或 DCP 单板实现的客户侧 1+1 保护原理各不相同。

① 当使用 SCS 单板时，系统通过打开或关闭工作 OTU 或备用 OTU 的客户侧激光器实现信号的选收。

② 当使用 OLP 单板或 DCP 单板时，工作 OTU 和备用 OTU 的客户侧激光器都是打开的，系统通过 SCC 单板控制 OLP 单板或 DCP 单板实现信号的选收。

③ 客户侧 1+1 保护使用 SCS 单板、OLP 单板或 DCP 单板实现业务的双发选收。业务类型分为数据业务（GE、FE、10GE LAN、100GE、FC100/200/400/800/1200）和其他业务。

（2）组网应用

客户侧 1+1 保护应用于任意组网中，保护 OTU 单板和客户侧业务。

客户侧 1+1 保护包含以下 3 种保护场景。

① 同子架客户侧 1+1 保护：工作单板和保护单板在同一子架。

② 跨子架客户侧 1+1 保护：工作单板和保护单板在同一网元的不同子架。

③ 跨网元客户侧 1+1 保护：工作单板和保护单板在不同网元的不同子架。

（3）倒换与恢复

保护原理：双发选收，单端倒换，默认为非恢复式。

倒换条件如下。

① SF：光模块不在位、单板不在位、OTU 检测到 R_LOF、R_LOS、R_LOC、OTUk_LOF、OTUk_LOM、OTUk_AIS、OTUk_TIM、ODUk_PM_AIS、ODUk_PM_OCI、ODUk_PM_LCK、ODUk_PM_TIM 或者 OLP 上报 R_LOS、POWER_DIFF_OVER。

② SD：OTU 检测到 B1_EXC、B1_SD、ODUk_PM_DEG、ODUk_PM_EXC、OTUk_DEG、ETH_BIP8_SD、ODUk_TCM_DEG、REM_SD 告警。

客户侧 1+1 保护可以使用 SCS 单板、OLP 单板或 DCP 单板实现业务的双发选收，在接入不同业务类型时，保护原理各不相同。

下面，我们仅以 OLP 单板为例说明此类保护的倒换与恢复过程。当 POWER_DIFF_OVER 告警作为触发条件时，无论保护的业务类型是什么，倒换过程均如下。

① 当接入数据业务，倒换状态为"空闲"时，OLP 同时发送信号到 OTU1 和 OTU2，OTU1 和 OTU2 的客户侧激光器同时开启。OLP 只选择 OTU1 的信号并将其传送到客户侧设备。

② 当工作通道和保护通道的光功率差异值超过阈值时，比如右侧的 OLP 检测到 POWER_DIFF_OVER 告警，右侧的 OLP 实施倒换。站点 A 的信号传输保持不变，即单端倒换。

4. 链路状态穿通（LPT）

保护原理：设备通过 OTN 开销字节传递链路状态信息，应用于设备接入 FE/GE/10GE LAN 业务的场景中。

分类：接入点故障触发 LPT 功能（客户侧端口关闭激光器方式）；服务网络故障触发 LPT 功能（波分侧端口关闭激光器方式）。

（1）接入点故障触发 LPT 功能

接入点故障触发 LPT 功能如图 5–13 所示。

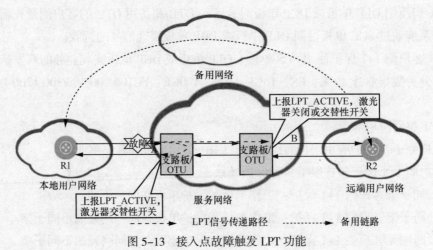

图 5–13　接入点故障触发 LPT 功能

当 WDM 设备使能 LPT 功能之后，接入点设备客户侧端口检测到故障信息，触发 LPT 功能，使图中 A 点端口交替性开关激光器，B 点端口根据接入业务的不同关闭激光器或者交替性开关激光器，使 R1（路由器 1）和 R2（路由器 2）能同时感知链路故障信息，触发 R1 和 R2 启动业务保护功能，将业务切换到备用链路进行传输，从而保证 R1 与 R2 间通信正常。

当接入 GE/FE 业务时，B 点端口激光器关闭。

当接入 10GE LAN 业务时，B 点端口激光器关闭或交替性开关。

（2）服务网络故障触发 LPT 功能

如图 5-14 所示，当服务网络发生故障时，WDM 设备波分侧检测到故障信息，触发 LPT 功能，使图中 A 点端口关闭激光器，B 点端口根据接入业务的不同关闭激光器或者交替性开关激光器，使 R1 和 R2 能同时感知链路故障信息，触发 R1 和 R2 启动业务保护功能，将业务切换到备用链路进行传输，从而保证 R1 与 R2 间通信正常。

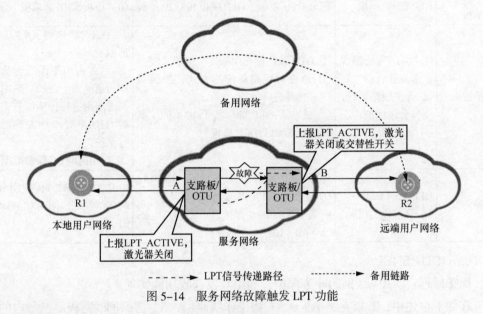

图 5-14　服务网络故障触发 LPT 功能

当接入 GE/FE 业务时，B 点端口激光器关闭。

当接入 10GE LAN 业务时，B 点端口激光器关闭或交替性开关。

LPT 功能和 ALS 功能不可以同时配置为"使能"。ALS 功能默认为"使能"，在使能 LPT 功能前，需将 ALS 功能设置为"禁止"。LPT 功能不支持业务广播的场景。

LPT（OTN）的倒换条件分为两种：一种为接入点故障信息条件，另一种为服务网络故障信息条件。

接入点故障信息条件：检测到 R_LOS、LINK_ERR、L_SYNC、LOCAL_FAULT、REMOTE_FAULT、PORT_MODULE_OFFLINE 告警。

服务网络故障信息条件：

① 出现 PORT_MODULE_OFFLINE 告警；

② 波分侧信号为 OTN 帧时，出现 R_LOS、OTUk_AIS、OTUk_LOF、OTUk_LOM、ODUk_PM_AIS、ODUk_PM_LCK、ODUk_PM_OCI、ODUk_LOFLOM、ODUCN_PM_AIS、ODUCN_PM_LCK、OTUCN_LOF、OTUCN_LOM 告警。

5. 光线路保护、板内 1+1 保护和客户侧 1+1 保护的区别

华为 OptiX OSN 1800 系列、OptiX OSN 9800 系列、OptiXtrans E6600、OptiXtrans E9600 系列均支持表 5-1 所列的不同的光层保护功能。

表 5-1   3 种保护方式的区别

描述	光线路保护	板内 1+1 保护	客户侧 1+1 保护
保护范围	线路侧光纤	OCh 路径	客户侧业务、OTU 单板和 OCh 路径
应用	链形或点到点组网	链形或环形组网	任意组网形式
控制倒换的单板	OLP/OLSP 单板	部分 OTU 单板、OLP 单板和 DCP 单板	OLP 单板和 DCP 单板
保护特点	① 1+1 光线路保护双发选收； ② 保护线路光纤，支持分段保护； ③ 简单稳定	① OTU 线路侧光层双发、电层选收； ② 通过对线路备份的方式，提供对 OCh 光纤进行保护； ③ 成本低，40Gbit/s 相干/100Gbit/s 单板要外置 OLP/DCP 单板	① OTU 客户侧光层双发选收； ② 通过占用工作通道及保护通道的两个波长，采用不同的路由进行传输的方式，对 OTU 单板和 OCh 光纤进行保护； ③ 应用时间长，保护范围广
倒换告警	OLP_PS（OLP/OLSP 单板上报）	外置 OLP 单板内 1+1 保护：INTRA_OTU_PS（OLP/DCP 上报）； 内置单板内 1+1 保护：INTRA_OTU_PS（LQMD、LWXD 上报）	CLIENT_PORT_PS（使用 SCS 时，SCC 上报；使用 OLP/DCP 时，本板上报）

6. ODUk SNCP

保护原理：ODUk 级别的业务保护，利用双发选收功能实现。

在如下描述中，T 指支路单板，N1 指工作线路板，N2 指保护线路板。括号内的 A 或 B 分别代表站点 A 或站点 B 的单板。例如，N1（A）代表站点 A 的 N1 单板，N1（B）代表站点 B 的 N1 单板。

当接入业务倒换状态为"空闲"时，支线路单板信号流的穿通情况如图 5-15 所示：T 板同时发送信号到 N1 单板和 N2 单板；建立 N1 单板到 T 板的电交叉连接，断开 N2 单板到 T 板的电交叉连接。只有 N1 单板的信号通过 T 板传送到客户侧设备。

当触发倒换时，例如站点 B 的 N1 单板输入端口的光纤故障，倒换过程如图 5-16 所示：当 N1（B）检测到光纤故障的时候，将通道状态上报给 B 站点的主控板；B 站点的交叉板切换为电交叉连接；B 站点的交叉板建立 N2 单板到 T 板的电交叉连接，删除 N1 单板到 T 板的电交叉连接。只有 N2 单板的信号通过 T 板传送到客户侧设备。

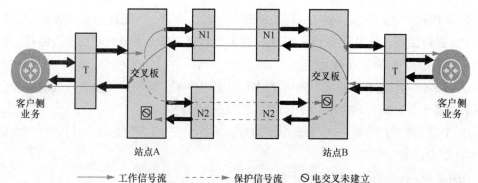

图 5-15　ODUk SNCP 空闲状态

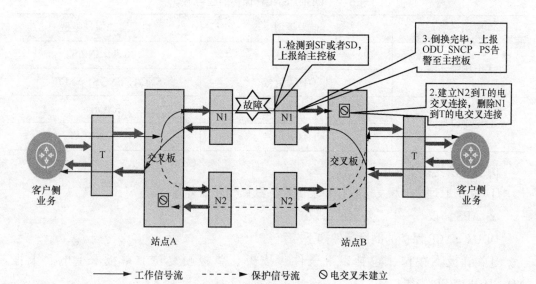

图 5-16　ODUk SNCP 倒换状态

ODUk SNCP 类型包括 SNC/I、SNC/S、SNC/N 3 种子类型，如图 5-17 所示。它们的区别在于检测 OTN 不同层段的开销状态作为保护倒换的不同触发条件。

SNC/I：固有监视，触发条件为 SM 段开销状态，如图 5-17 中 B、F 站。

SNC/S：子层监视，触发条件为 SM、TCM 段开销状态，如图 5-17 中 D、H 站。

SNC/N：非介入监视，触发条件为 SM、TCM、PM 段开销，如图 5-17 中 A、I 站。

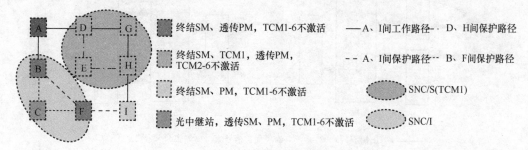

图 5-17　ODUk SNCP 类型

假设 ODU1 的业务从 A 到 I，A、I 提供双发选收功能，均配置为 SNC/N 保护，根据 SM、PM 进行倒换，TCM 不激活（TCM 一般用于监测业务上下节点间的某段路径，业务的源宿节点不需要终结 TCM）。

D、E、G、H 为单独的域，激活 TCM1 用于监控该区域的传送质量，区域内提供双发选收，在 D、H 配置 SNC/S，根据 SM、TCM 进行倒换。

B、F 之间有两条路径，C 为光中继站点，不终结开销，根据 SM 进行倒换，类似板内 OTU 双发选收。

ODUk SNCP 保护的应用场景见表 5-2。

表 5-2　ODUk SNCP 保护的应用场景

应用场景	信号类型	可配置的保护类型
无电中继环网	OTUk 信号	SNC/I、SNC/S
	非 OTUk 信号	SNC/I、SNC/S、SNC/N
含电中继环网	OTUk 信号	SNC/S
	非 OTUk 信号	SNC/S、SNC/N

倒换与恢复：

① 保护原理——双发选收，单端倒换，默认为非恢复式；

② APS 协议——不需要全网协议。

ODUk SNCP 保护的倒换条件如下。

① 单板不在位，包括以下条件：拔板、单板硬复位、单板未上电、上报 NO_BD_POWER 告警；

② 出现 SF（信号失效）告警、SD（信号劣化）告警。

7. 支路 SNCP

保护原理：对支路板接入的客户侧 OTN 业务进行保护，支路 SNCP 利用双发选收功能实现。

当接入业务倒换状态为"空闲"时，支线路板信号流的穿通情况如图 5-18 所示。

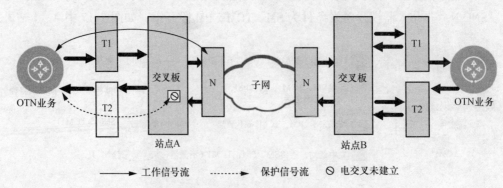

图 5-18　支路 SNCP 空闲状态

客户侧设备同时发送客户侧信号到 T1 和 T2。

N 板建立到 T1 的电交叉连接，断开到 T2 的电交叉连接。N 板选收工作通道的信号。

当触发倒换时，例如站点 A 的 T1 单板输入端口的光纤故障，则倒换过程如图 5-19 所示。

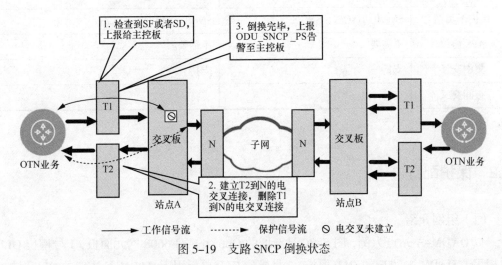

图 5-19 支路 SNCP 倒换状态

T1（A）检测到光纤故障，将通道状态上报给 A 站点的主控板。A 站点的交叉板切换为电交叉连接。

A 站点的交叉板建立 T2 单板到 N 板的电交叉连接，删除 T1 板到 N 板的电交叉连接。N 板选收保护通道的信号。

不同监视方法实现支路 SNCP 子类型如下。

① SNC/I：固有监视，保护客户侧接入的业务，不检测 ODUk 本层的故障；通过从服务层网络获得的固有数据来间接监视连接。

② SNC/N：非介入监视，保护客户侧接入的业务，检测 ODUk 本层的故障；通过非介入监视（非侵入性）的原始特征信息来直接监视连接。

③ SNC/S：子层监视，保护客户侧接入的业务，只有保护域内可以触发倒换，接入的 ODUk 层的故障不会触发倒换；部分的原始路径子层能力是可以修改的；通过子层中创建的路径来直接监视需要关注的连接。

华为 OptiX OSN 1800 系列、OptiX OSN 9800 系列、OptiXtrans E6600、OptiXtrans E9600 系列均支持表 5-3 中不同的电层保护。

表 5-3　ODUk SNCP 和支路 SNCP 的区别

描述	ODUk SNCP	支路 SNCP
工作原理	双发选收，单端倒换	双发选收，单端倒换
交叉颗粒	ODUk	ODUk
保护范围	保护线路板、PID 单板和光纤上传输的业务	保护支路接入的客户侧 SDH/SONET 或 OTN 业务

描述	ODU*k* SNCP	支路 SNCP
倒换告警	ODU*k*_SNCP_PS	ODU*k*_SNCP_PS
保护子类型	SNC/I、SNC/N、SNC/S	SNC/I、SNC/N、SNC/S
APS 协议	不需要	不需要
集中交叉	支持	支持
板间交叉	支持	支持

5.2　保护配置

（1）组网介绍

以 OADM-A 站点为例，图 5-20 是新增的 OptiXtrans E6608 网元面板，1 号槽位 OLP 单板用于 OADM-B 方向的 OLP 保护，2 号槽位 OLP 单板用于 OADM-C 方向的 OLP 保护。

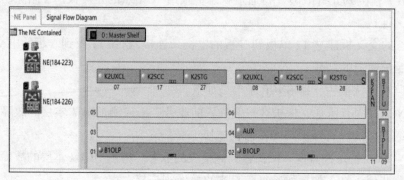

图 5-20　OptiXtrans E6608 网元面板

业务需求：网元 OADM-A 和网元 OADM-B 之间配置 OTS 段 1+1 光线路保护（OLP），如图 5-21 所示。

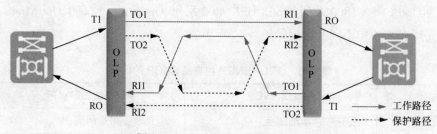

图 5-21　OTS 段 1+1 光线路保护

（2）配置步骤

步骤 1：打开 OADM-A 网元管理器，在功能树中选择"配置→端口保护"。单击"新建"，在弹出的"确认"对话框中单击"是"。

步骤 2：在弹出的"创建保护组"的对话框中，输入该保护组的各项参数，单击"确定"。

保护类型有：光线路保护、板内 1+1 保护或客户侧 1+1 保护。

端口 RI1/TO1 是工作端口，端口 RI2/TO2 是保护端口，端口位置固定无法更改。

恢复模式可以设置为非恢复式或恢复式，如果设置为恢复式，等待恢复时间可以设置为 5 ~ 12min。

光线路保护不支持设置"SD 使能"标志。

步骤 3：在弹出的"操作结果"对话框中单击"关闭"完成创建。

步骤 4：在"网元管理"中选择 OLP 单板，在功能树中打开"配置→光功率管理"，单击"查询"查看工作端口 RI1/TO1 和保护端口 RI2/TO2 的输入光功率，主备通道差异值不可过大。

步骤 5：按照步骤 1 ~ 步骤 4，配置 OADM-B 的光线路保护，完成反向保护的创建；查看 OADM-A 和 OADM-B 网元的 OLP 单板，确认无异常告警，完成光线路 1+1 OTS 保护配置。

（3）验证光线路保护

步骤 1：查看光线路保护的通道状态。打开 OADM-B 的网元管理器，在功能树中选择"配置→端口保护"，单击"查询"："工作通道"为"子架 0 (subrack)-1-OLP-1(RI1/TO1)"，"工作通道状态"为"正常"，"保护通道"为"子架 0 (subrack)-1-OLP-2(RI2/TO2)"，"保护通道状态"为"正常"。

步骤 2：拔掉 OADM-B 的 OLP 单板接收端口"RI1"的光纤，查看 OADM-A 倒换后的光线路保护的通道状态。打开 OADM-A 的网元管理器，在功能树中选择"配置→端口保护"，单击"查询"："工作通道"为"子架 0 (subrack) -1-OLP-1(RI1/TO1)"，"工作通道状态"为"SF"，"保护通道"为"子架 0 (subrack)-1-OLP-2 (RI2/TO2)"，"保护通道状态"为"正常"，"倒换状态"为"SF 倒换"。

步骤 3：在 OADM-B 的网元板位中，右键单击"OLP 单板"，选择"告警浏览"，有 OLP_STA_INDI 告警上报。

本章小结

本章介绍了自愈网的概念、设备级保护、子网连接保护、SDH 网络级保护、OTN 的网络级保护，以及保护配置。

网络自愈的前提条件是具有备用路由、强大的交叉连接能力、网络节点的智能性。

常见的设备级保护有电源保护、单板保护等。TPS 保护属于单板保护。网络级保护有 SDH 保护、NG WDM 保护和 PCM 保护。线性复用段保护有 1+1 线性复用段保护和 1:N 线性复用段保护。环形复用段保护有二纤双向复用段共享保护环。

第6章
NMS

本章主要内容

Network Cloud Engine（NCE）是华为公司创新的网络云化引擎，定位为云化网络的大脑，融合了网络管理、业务控制和网络分析等功能，是实现网络资源池化、网络连接自动化和自优化、运维自动化的核心使能系统。

NCE 是管理、控制和分析融合的网络全生命周期自动化平台，聚焦业务自动化、运维自适应以及网络自治，支撑运营商实现网络云化和数字化运营转型。

6.1　NCE-T 的架构

6.1.1　产品定位

1. NCE-T 的亮点

NCE-T 是华为"智慧光网"的核心使能部件。"智慧光网"是基于智简网络（IDN）架构的传送网解决方案，愿景是实现数字化光网络，极简智能运维，极致用户体验，最终实现网络自治（光网自动驾驶）。

网络可视化：通过统一的性能采集和统一的存量管理，实时感知网络状态，并支持多维度可视化呈现和报表呈现。

部署自动化：支持 CPE（客户前置设备）网元自动部署和业务管道预发放功能，使专线业务可以像家庭宽带似的快速上线，最快可实现 CPE 上门安装后 30min 业务贯通，大幅提升专线用户体验。

业务发放自动化：通过光连接带宽按需功能，用户可以实现专线业务的敏捷发放，支持带宽实时调整或带宽日历，支持指定多种 SLA（服务等级协定）和应用时延策略。

智能化主动运维：支持网络生存性分析，可模拟网络故障，分析业务健壮性，提前做好应对措施，提前识别网络瓶颈，指导网络精准扩容。

接口场景化：北向接口基于设备、网络和业务三层模型，提供多种原子服务和场景驱动可编程平台，支持定制开发场景化的工作流，可实现全自动或半自动化的意图设计、执行及流程优化。

2. NCE 界面类型介绍

NCE 提供了管理面和运维面两个独立的工作界面，分别通过不同的 IP 地址和端口号登录，以保证不同用户聚焦相关的任务场景，实现高效的系统管理、网络运维。

（1）管理面

面向对象为安装调测工程师、系统管理员。

管理面集中管理 NCE 软件资源、应用和数据库，实现安装部署、系统监控、系统维护（用户与密码管理、数据备份与恢复、证书与密钥管理等）、系统排障（系统健康检查、故障数据采集与定界定位、异地容灾等）等功能。

（2）运维面

面向对象为系统安全管理员、网络运维工程师。

运维面针对传送、IP、接入、多层网络的网络规划、业务设计、发放、网络监控、分析、调整、维护、排障等运维场景，提供系统设置、安全管理、告警管理、网络管理、波分精品专线、重大事件业务保障、网络生存性分析、OTN 虚拟私有专网、What-if 分析、网络分析优化等功能。

6.1.2　方案架构

NCE 使能云化网络的方案架构如图 6-1 所示。

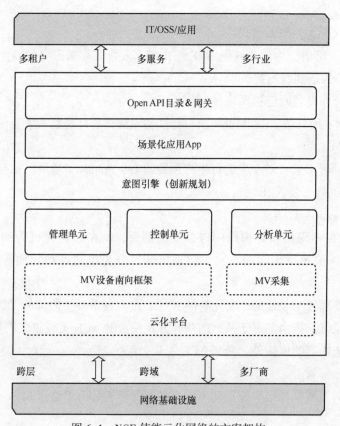

图 6-1　NCE 使能云化网络的方案架构

① IT/OSS/应用层是运营商实现数字化运营转型的平台，除了涵盖传统的 OSS、BSS（业务支撑系统）系统，还包括业务协同器、基于大数据分析和人工智能的策略生产器，以及支持自助服务的电商化 Portal 等，提供网络基础设施的资源呈现、业务路径呈现、业务策略管理等功能，实现全网端到端运营。运营商通过该层给客户提供应用服务，如宽带、视频、B2B 企业专线等传统业务和云计算、物联网等新兴业务。

② NCE 向下实现网络基础设施的集中管理、控制和分析，面向商业和业务意图使

能资源云化、全生命周期自动化以及数据分析驱动的智能闭环；向上提供开放网络 API 与 IT 快速集成，支撑运营商加快业务创新和实现电商化运营。

③ NCE 自上而下的层次组成 Open API 目录&网关。

NCE 基于统一的 API 网关，提供安全、可靠的访问入口。NCE 提供北向开放能力，通过不同的标准北向接口，与传统 OSS、协同层、第三方应用等外部系统集成。NCE 既支持 CORBA/MTOSI、SNMP 等传统接口后向兼容，也支持 REST/RESTCONF 等新型接口，适应未来方案和技术发展。

④ NCE 基于云化平台实现服务化和组件化，其中包括网络管理、网络控制、网络分析三大逻辑模块和面向场景的多种应用，可针对客户需求实现灵活的模块化部署。

6.1.3　部署方案

NCE 分为以下 3 种部署模式。

On-Premises 部署：由华为匹配 NCE 版本配套发货其部署需要的硬件和软件，并由华为完成软硬件的端到端配置。

通常，NCE 在发货时已被预安装。

私有云部署：用户按 NCE 配置要求自行准备底层部署环境后，华为在用户环境中安装操作系统和 NCE。

EasySuite 部署工具：对于未进行生产预装的 On-Premises 场景、私有云场景，一般通过 EasySuite 工具安装 NCE。

（1）On-Premises 部署

NCE 支持在物理机和虚拟机中进行安装部署，文中以物理机为例进行讲解。根据用户对系统保护效果预期的不同，物理机部署分为单站点和异地容灾系统两种部署模式。

单站点：指部署于某地的一套完整的 NCE，可实现单系统内部的保护。

异地容灾系统：指由部署于两地的两套方案一致的 NCE 关联组成的异地容灾系统，除可实现单系统内部的保护外，两套 NCE 间互为保护。

（2）私有云部署

根据用户对系统保护效果预期的不同，私有云部署分为单站点和异地容灾系统两种部署模式。

单站点：指部署于某地的一套完整的 NCE，可实现单系统内部的保护。

异地容灾系统：指由部署于两地的两套方案一致的 NCE 关联组成的异地容灾系统，除可实现单系统内部的保护外，两套 NCE 间互为保护。

（3）EasySuite 部署工具

EasySuite 部署工具：华为提供的一款绿色版、Web 界面类工程操作工具，可覆盖规划、安装、迁移等繁杂工程场景。使用 EasySuite 安装 NCE，可大幅简化安装部署操作流程，从而提高效率。

6.2　NCE-T 的功能

6.2.1　网络管理

NCE 提供了完善的网元及网络级安全、拓扑、告警、性能、存量、网元软件管理等功能，可统一管理华为公司传送网络、IP 网络、接入网络的所有网元，还可以通过 NETCONF、SNMP、ICMP 取得第三方设备信息来管理第三方设备，很好地满足了网络融合的需求以及客户业务快速发展的需求。

1. 拓扑管理

（1）物理拓扑视图

拓扑管理是指以拓扑图方式显示被管网元及其之间连接的状态，用户可通过浏览拓扑视图实时了解整个网络的组网情况和监控运行状态。物理拓扑视图如图 6-2 所示。

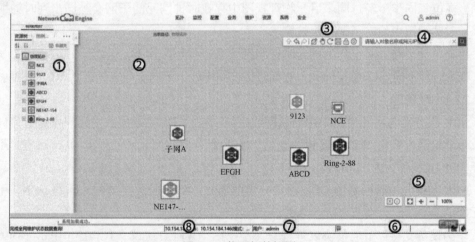

图 6-2　物理拓扑视图

1）左侧面板

资源树：显示 NCE 上所有被管理的子网，用户可快速定位子网。

图例与过滤：设置视图中各对象的显示类型，查看视图中的各种图例的说明，快速过滤出用户关注的对象。

工具箱：提供新建子网及设置拓扑对象布局的功能。

2）拓扑视图

此区域可显示 NCE 上所有被管理的网元、网元之间的连接和子网，还可以创建子网及网元、配置网元数据、创建连接、浏览纤缆、删除拓扑对象、浏览当前告警、同步网元配置数据；通过过滤树和图例来查看网元和通信的状态；通过查找的方式快速定位到关注的网元。

（2）时钟视图

时钟视图提供一个可视化的平台，支持网元时钟设置、全网时钟同步状态查询、时钟跟踪搜索、与物理视图同步、显示主时钟 ID、查询时钟属性、显示时钟锁定状态等功能；支持物理层时钟、PTP 时钟、ACR 时钟、ATR 时钟；支持全网多种类型设备，其中包括 MSTP 系列、NG WDM 系列、RTN 系列。

自动发现时钟拓扑：搜索全网各网元的时钟链路，获知各网元的时钟跟踪关系。

查看时钟拓扑：自动发现时钟拓扑以后，可查看全网的时钟跟踪关系。

配置时钟：进入网元管理器上的时钟配置界面，配置网元时钟，如配置物理层时钟、PTP 时钟、ACR 时钟、ATR 时钟，各网元支持的时钟配置功能不同。

监控时钟变更：当网络中出现设备故障、链路故障、时钟源倒换等情况时，系统实时刷新时钟拓扑跟踪关系和时钟同步状态。

手工倒换时钟：倒换时钟跟踪关系，使选中时钟链路的时钟跟踪关系成为网元的当前时钟跟踪关系。

与物理视图同步：将时钟视图中各网元、子网的坐标位置与物理视图中各网元、子网的坐标位置同步。经过同步后，物理视图中存在时钟网元的子网会被同步到时钟视图里来；时钟视图中的空子网将会被删除。

检查时钟环路：对全网的网元时钟跟踪关系进行环路检查。

查看时钟不同步/未锁定网元：查询时钟视图中处于不同步或未锁定状态的时钟网元。

2. DCN 管理

NCE 服务器与网元通常采用局域网或广域网进行 DCN 通信。网元间可通过带内组网或带外组网方式与 NCE 系统进行通信。NCE 服务器与网元间的外部 DCN 对应，不同网元间的 DCN 称为内部 DCN。

NCE 系统与被管网络的 DCN 通常分为两部分：NCE 服务器与网元间的 DCN、不同网元间的 DCN。

华为设备支持以下通信协议进行 DCN 组网：HWECC 协议、TCP/IP（IP over DCC）、OSI 协议（QSI over DCC）。

HWECC 协议，即在 DCC 中传送的是 HWECC 协议封装的数据。HWECC 协议是华为公司针对光网络设备 DCN 组网开发的私有通信协议。仅 NCE（传送域）网元支持。

TCP/IP（IP over DCC）：在 DCC 中传送的是 TCP/IP 封装的数据。

OSI 协议（OSI over DCC）：在 DCC 中传送的是 OSI 协议封装的数据。

3. 性能管理

NCE 通过可视化的操作界面对网络的关键性能指标进行监控，并对采集到的性能数据进行统计，方便用户对网络性能进行管理。

华为 NCE 支持性能监控功能，支持网元级和网络级的性能管理，支持接入网络、IP 网络、传送网络网元。用户创建性能实例后，NCE 可在设定的时间采集网元的性能数据。

NCE–T 支持对以下设备的性能监视：SDH、WDM、RTN、PTN。

4. 存量管理

对全网的物理资源（从机房、网元到端口、光电模块、无源器件）和逻辑资源进行统一、分层的管理和维护，可方便查询和导出各类资源的多层属性信息，还可根据现网数据应用进行组合和定制查询，提高资源的维护效率。

对物理资源进行多维度、自定制类别统计，支持导出机房、机架、机框、网元、单板、子卡、端口、光电模块、槽位占用、无源器件的存量报表，便于精确地了解全网各类型资源信息，为 E2E 运维提供支撑，从而提高资源的利用率。

5. 网元软件管理

网元软件管理可以管理网元数据和对网元软件进行升/降级。管理网元数据包括对网元进行保存、备份和策略管理；对网元软件进行升/降级，如执行软件库管理、网元软件升级任务管理等。

保存：系统配置后，通过保存操作将系统配置数据保存在网元的 Flash 或硬盘中，防止重启时丢失配置文件。

实现保存的方式有下述 3 种：

① 通过执行保存操作手动保存；

② 通过创建任务自动保存；

③ 通过保存策略自动保存。

备份：将网元数据（配置数据、数据库等）保存在网元以外的存储空间内，用于网元数据恢复。

策略管理：通过预先设置策略信息，使系统周期性、触发性对网元进行自动操作，常应用于对网元的日常维护。

6. 传送网络管理

（1）传送网元业务管理

NCE 提供 SDH 网元、RTN 网元、WDM 网元、海缆网元、SDH 智能网元、WDM 智能网元的网元配套管理能力。

波分智能部署：提供 SOM 光层智能化管理方案。

波分业务调整：能实现光层单板替换、批量业务倒换等功能。

微波智能部署、移动运维：可进行离线配置、软仪表测试、HOP（人与组织绩效）管理、移动运维。

MSTP 业务调整：能进行传送单板替换、传送网元替换、链路容量升级。

数据迁移：可进行数据脚本导入/导出。

可视化 DCN 管理：能提供基于表格/视图的 DCN 管理、DCN 子网同步、网络健康评估、DCN 视图快照、全网关管理等功能。

（2）传送网络级业务管理

NCE 支持 OTN 业务端到端快速发放和 OTN 故障一键式排障。

NCE 提供端到端业务配置和业务路径可视，可支持传送网元上的 PWE3 业务、VPLS 业务、Native Ethernet 业务、L3VPN 业务的可视化端到端发放与管理，从而提升网络运维效率。NCE 支持 E2E 业务配置、一键式通断调测、一键式性能调测、免仪表测试、性能统计、一键式业务诊断、环回检测、业务路径可视，实现了 Native ETH/PWE3/VPLS/L3VPN/组合业务 E2E 的配置，通过一键式业务诊断和视图化业务路径，极大地提升了传送分组业务的运维效率。

NCE 支持统一的端到端的 TDM 业务创建；支持统一的 EoS 路径创建；支持 E-Line、ELAN 及 E-Line 和 E-LAN 组合业务端到端业务的创建和管理；支持统一的 Tunnel 及 PWE3 的端到端业务的创建和管理；支持统一的业务模板。

6.2.2 系统管理

NCE 提供南向系统快速对接和系统间运维界面无缝对接的能力，NTP（网络时间协议）时间同步、License 管理等全局配置功能，全程监控服务、数据库等软件资源的能力，以及数据备份恢复、系统健康检查、故障数据采集与定界定位等维护排障手段，从而提高系统对接和管理效率，提前预测、及时发现并解决可预知的风险，并在发生故障时促进修复，保障系统稳定安全运行。

1. 系统对接

对接南向系统：集成华为其他系统或第三方系统，快速接入对接系统的网元或虚拟资源，获取 NCE 的业务发放信息并保障所需的网元资源、告警、性能、虚拟资源等基础数据，提高对接效率。

SSO（单点登录）：NCE 与其他系统（包括 NCE 集成的系统或集成 NCE 的上层系统）之间的访问控制策略。用户登录一次即可访问所有相互信任的系统，实现系统间运维界面的无缝对接，提高运维效率。

2. 系统配置

NTP 时间同步：NCE 各节点采用统一的管理维护方式，此方式要求各节点 UTC（协调世界时）必须保持一致，以确保 NCE 能正确管理各节点上的服务和数据而不产生混乱。

License 管理：通过更新、维护 License，确保系统能按照 License 文件中授权的特性、版本、容量和使用时间正确运行。

远程通知：运维人员由于非工作时间或出差等原因，不在网络监测现场，无法通过界面及时查询所关注的重要告警和业务报表等信息，对此可以通过远程通知，将此类信息以短消息或邮件的方式发送给相关人员。

License 管理的应用场景包括初始加载 License 场景、更新 License 场景和日常维护 License 场景。

① 初始加载 License 场景：在系统部署完成后，用户需要通过导入 License 的操作加载正确的 License 文件，以保证系统的正常使用。

② 更新 License 场景：在运维过程中，当出现以下任一情况时，需要更新 License 文件。

- License 即将过期/License 已过期/License 不合法。

- License 资源控制项或功能控制项不满足业务要求。

- License 的软件服务年费即将过期/License 的软件服务年费已经过期。

③ 日常维护 License 场景：用户需要例行查看系统当前 License 的截止时间、消耗量、容量等信息，以便及时发现 License 即将过期或容量不足等问题并快速解决。

3. 系统监控

系统提供全局监控能力，集中监控 NCE 各服务、进程、节点以及数据库资源指标，帮助用户进行预测性分析，及时发现并解决可预知的风险。对于关键资源，还可设置告警触发阈值，借助预警及时处理异常情况。

服务、进程监控：可监控服务运行状态及进程 CPU、内存、句柄数等指标，若服务中某进程异常中止或发生故障，NCE 将试图重启该进程，且最多可连续尝试 10 次重启，若仍无法启动进程，则产生对应告警，提醒用户手动处理异常。

节点监控：可监控节点的 CPU、虚拟内存、物理内存和磁盘分区等指标，若节点中的任意一项资源出现异常，该节点状态将会显示为异常。对于关键资源，若其在采样周期内持续异常，将产生对应告警。

数据库监控：可监控数据库的空间、内存和磁盘资源等指标，若数据库中的任意一项资源出现异常，则该资源状态将会显示为异常。对于关键资源，若其在采样周期内持续异常，将产生对应告警。

4. 系统维护

系统备份与恢复：提供对 NCE 的动态数据、操作系统、数据库、管理面或应用软件的备份恢复功能；及时备份数据，若任一备份对象发生异常，则可使用对应备份文件使系统快速恢复至正常状态。

运维管理：提供对系统的维护和管理功能，帮助运维人员及时了解系统运行过程中的健康状态，降低运行风险。若系统发生故障，该功能还可用于收集故障信息并进行定界定位，促进修复，减少损失。

在线帮助：根据用户不同场景下获取帮助的需求，对界面帮助进行分层设计，提供随时随地、按需学习、学做结合的在线帮助功能，通过 tip、面板、问号跳转、信息中心等多种帮助形式，将操作时必须获取的信息直接显示在界面上，强相关的信息以折叠形式展现，将适合系统学习的资料放在独立的帮助系统中，以满足用户不同场景的使用需求。

健康检查：提供对硬件、操作系统、数据库、网络及 NCE 业务的检查及评估，可用于全面了解当前系统的健康状态，及时发现异常检查项并判断系统是否存在操作或运行风险。

数据采集：基于故障场景、特定服务及目录等维度提供数据采集模板，供运维人员在发生系统故障时按需采集相关日志、数据库表等信息并进行分析和定位。

故障快速定界：系统上每一个业务操作的完成，都是通过调用一个或多个服务来实现的。在业务操作过程中，系统自动统计业务操作状态、内存和 CPU 使用率，供运维人员进行故障快速定界和资源消耗分析。

故障快速定位：提供系统默认定位模板，供运维人员根据故障场景选择相应的模板并进行系统自动快速定位，从而快速获取对应解决方案，减少定位时间。

系统卫士：从运维面转发紧急、重要以及潜在影响 NCE 稳定运行的告警（公共告警、操作系统告警、硬件服务器告警、网管告警）到管理面，通过弹窗的形式提示运维人员，到系统卫士页面查看告警详细信息并及时处理告警，保证 NCE 健康运行。

统一监控：对 NCE 系统的实时数据与历史数据进行监控，并进行多维度对比分析，为运维人员提供数据参考。

6.2.3 告警管理

通过告警管理，网络维护人员可集中监控网元、系统服务和第三方系统的告警，快速定位和处理网络已发生的故障，从而保证业务正常运行。

网元、服务或对接的第三方系统检测到自身存在异常或正常情况下的重要状态变化，将分别以告警或事件显示在界面中。

告警：系统自身或管理对象检测到故障而产生的通知。

事件：系统自身或管理对象在正常运行状态下产生且需要主动提示用户的通知。

1. 告警级别

紧急：红色，已经影响业务，需要立即采取纠正措施。对此，需要紧急处理，否则有业务中断或系统瘫痪的风险。

重要：橙色，已经影响业务，如果不及时处理会产生较为严重的后果。对此，需要及时处理，否则会影响重要业务运行。

次要：黄色，目前对业务的影响比较轻微，但需要采取纠正措施，以防止更为严重的故障发生。对此，需要查找告警原因，消除故障隐患。

提示：检测到潜在的或即将发生的影响业务的故障，但是目前对业务还没有影响。对此，可根据告警了解网络和网元的运行状态，视具体情况进行处理。

2. 告警状态

当前告警包括：未确认未清除告警、已确认未清除告警、未确认已清除告警。用户可监控当前告警，及时发现故障，并做相应操作，通知维护人员进行处理。

历史告警：已确认已清除告警。用户可对历史告警进行分析，优化系统的性能。

"正常态"对应的维护状态为"正常"；

"维护态"对应的维护状态为"无效态""维护态"。

3. 告警处理机制

告警管理提供了 3 种告警处理机制：

① 告警归并规则——帮助用户提高告警的监控效率；

② 告警满处理规则——用于当前告警数量的控制；

③ 告警转储规则——用于数据库存储容量的控制。

为帮助用户提高监控、处理告警的效率，告警管理提供了告警归并规则，即，将指定字段（定位信息、告警 ID 等）全相同的告警归并成一条告警。该规则仅用在"当前告警"页面监控和查看告警，且仅对当前告警生效。

具体执行方案如下。

新上报的告警未匹配到符合归并规则的已上报告警，该新上报的告警记作归并告警，其"次数"为 1。

当新上报的告警 B 与已上报的告警 A 符合归并规则，则告警 B 与告警 A 归并为一条告警记录，并按照清除状态（未清除告警在前）及发生时间的降序进行排序。

若告警 A 排第一，则告警 A 仍记作归并告警，且归并告警的"次数"加 1，告警 B 记作被归并告警。

若告警 B 排第一，则告警 B 记作归并告警，且归并告警的"次数"加 1，告警 A 记作被归并告警。

在告警列表中，单击告警的"次数"可查看归并告警和被归并告警的详细信息。

若归并告警的状态由未清除变为已清除，则该归并告警转为被归并告警。在所有被归并告警中，按清除状态（未清除告警在前）及发生时间的降序进行排序，并将排序第一的告警记作归并告警。

若归并告警或被归并告警的状态转为已清除已确认，则将该告警转为历史告警，告警"次数"减 1。

6.2.4 安全管理

安全管理包括对用户管理、系统安全策略、日志管理等。安全管理相关功能的应用可以有效地避免非法用户对系统的入侵，从而保证系统的数据安全性。

1. 用户管理

用户管理可以保证用户信息和系统的安全性，通过赋予用户角色并对角色进行权限管理，实现最佳的资源分配和权限管理，从而提升运维效率，如图 6-3 所示。

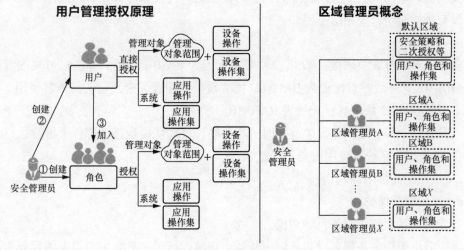

图 6-3　用户管理

用户管理通过为角色授权的方式实现权限的最小化管理和资源的最佳分配。

通过区域管理，区域内的资源和权限由区域管理员直接管理，保证了用户权限维护的及时性。

许多用户都有 3A（认证、授权、计费）系统，用于集中用户管理、集中认证、集中授权。远端认证配置与第三方认证系统对接以后，系统直接通过 3A 认证协议到 3A 系统上进行用户认证，保证了用户登录的合法性。

> **备注：**
>
> "admin" 用户是系统提供的默认用户，为系统管理员，可管理所有的资源并具有所有的操作权限，同时担当 "Administrators" 和 "安全管理员组" 两个角色。
>
> 默认区域中拥有 "用户管理" 权限的用户为安全管理员。
>
> Administrators 角色拥有 "用户管理" 外的所有权限，属于此角色的用户为管理员。

2．日志管理

日志管理的应用场景包括例行维护、定位问题并排除系统故障、追溯历史日志和多系统操作日志的查询。

日志类型如下。

① 安全日志：记录用户在系统上执行的影响系统安全的操作。

② 系统日志：记录系统自动触发的操作或任务。

③ 操作日志：记录用户在系统上执行的除影响系统安全外的所有操作。

3．高可用性

高可用性可分为本地高可用性和容灾高可用性。

（1）本地高可用性

1）硬件高可用性

a．硬件冗余

电源、风扇冗余保护，网卡 1+1 bond 保护。

交换机冗余保护。配置两台互为保护的交换机，连接服务器至客户网络。硬件冗余保护没有倒换时间，应用层不感知。

b．RAID

若服务器共有 8 块硬盘：第 1、2 块硬盘配置为 RAID 1；第 3、4、5、6 块硬盘配置为 RAID 10；第 7 块硬盘配置为 RAID 0；第 8 块硬盘配置为全系统备份恢复使用。

若服务器共 12 块硬盘：配置为 RAID 10。

当具有冗余保护的硬件发生故障时，相关硬件自动切换至正常部件上继续运行，从而确保 NCE 操作系统及应用服务不受影响。

2）应用层高可用性

a．应用服务保护

管控析场景，应用服务自动切换。

虚拟节点采用主备部署模式：当主备节点正常运行时，只有主节点上的服务为运行状态；若主节点服务进程发生故障，则 NCE 将自动切换至备用节点服务实例提供服务。

虚拟节点采用集群部署模式：当集群节点正常运行时，各节点为多活状态；若其中一个节点发生故障，则其他节点将分担这个故障节点的负载能力，继续均衡地提供服务。

倒换时间≤5min。

进程重启：实时监测进程状态。若服务中某进程异常中止或发生故障，NCE 将试图重启该进程，且最多可连续尝试 10 次重启，若仍无法启动进程，则将产生对应告警提醒用户手动处理异常。

进程重启时间≤5min。

b. 数据保护

备份与恢复：提供对数据的备份恢复功能。

可定期备份数据，或在某些重大变更前备份数据。当 NCE 数据异常时，可使用对应备份文件使系统快速恢复至正常状态。

备份恢复时长≤60min。

数据库自动切换：数据库节点采用主备部署模式，当主备节点正常运行时，主节点上的数据库可读、可写，而从节点数据库仅为只读。

若主节点服务进程发生故障，则 NCE 将自动切换至从节点数据库提供服务。主备切换不影响业务服务。

RPO（恢复点目标）= 1min，RTO（恢复时间目标）= 1min。

RPO 指一种业务切换策略，是数据丢失最少的容灾切换策略。它以数据恢复点为目标，确保容灾切换所使用的数据为最新的备份数据。

RTO 指非计划中断发生后，恢复网络或应用程序以及重新获取数据的最长可接受时间。

（2）异地容灾高可用性方案

主备倒换：使用两套硬件配置和业务方案等完全一致的 NCE 系统作为主备站点，主站点各数据库按各自同步策略将数据实时同步至备用站点。当主站点出现故障时，立即手动启动或者仲裁服务自动启动备用站点，快速恢复 NCE 的使用。

RPO=1min，RTO=15min。

主备监控：在容灾系统使用过程中，NCE 通过心跳链路监控主备站点的关联状态，并通过复制链路进行数据同步。若主备站点间心跳、复制链路异常，NCE 将产生对应告警提醒用户手动或者仲裁服务自动处理异常。

（3）异地容灾倒换方案（管理域场景）

手动倒换：有两地机房，该方案通过人工方式监控主备站点状态。机房出现站点级故障后，对故障恢复时间要求不高，可通过人工操作维护。

自动倒换（不带仲裁服务）：有两地机房，该方案需要实时监控主备站点状态。机房出现站点级故障后，需要快速实现主备倒换，恢复业务，同时业务要能承受双主状态带来的风险。

自动倒换（带仲裁服务）：有三地机房，该方案需要实时监控主备站点状态。机房出现站点级故障后，需要快速实现主备倒换，恢复业务。

1）手动倒换

容灾网络可复用 NCE 原有网络，以减少主备站点的网络配置。

主备站点之间通过心跳链路实时检测对端站点状态是否正常；主站点产品通过数据复制链路向备用站点产品实时同步数据，确保主备站点数据一致。当主站点发生故障时，网管人员在备用站点手动对产品执行接管操作。备用站点升级为主站点对外提供服务，同时主站点降为备用站点。

手工倒换判断规则：

主站点发生地震、火灾、停电等灾难性故障，导致系统整体无法对外提供服务；主站点故障，导致部分关键节点损坏无法提供对应服务，例如，数据库节点损坏、平台服务节点损坏、管理域服务节点损坏、控制域服务节点损坏。

2）自动倒换（不带仲裁服务）

主备站点之间通过心跳链路实时检测对端站点状态是否正常；主站点产品通过数据复制链路向备用站点产品实时同步数据，确保主备站点数据一致。

当主站点出现异常掉电、硬件故障或死机等现象，且在设置时间内没有恢复时，备用站点会自动升为主站点，主站点修复后会降为备用站点。

当主备站点间只有心跳链路中断时，备站点也会自动升为主用站点。此时，容灾系统会出现双主现象，产生容灾集群双主告警，但主备站点均可正常运行。

若在 2 小时内修复心跳链路，系统会进入双主协商，自动将心跳中断前的主站点继续作为主站点，另一站点降为备用站点。

若超过 2 小时才修复心跳链路，考虑到用户可能在均为主状态的主备站点都进行了操作，为避免数据丢失，系统不自动执行升主降备倒换，由用户根据实际情况手工执行倒换。

自动倒换触发条件：主站点发生地震、火灾、停电等灾难性故障，且在设置时间内没有恢复。

NCE 管理域场景和管控析小型化场景：当系统默认设置的关键微服务发生故障时，异地容灾系统将触发自动倒换，保障业务的正常运行；服务器网口故障等导致业务网络故障，系统自动触发倒换；所有数据库实例均发生故障，系统自动触发倒换。

3）自动倒换（带仲裁服务）

为了防止站点间网络异常时出现双主脑裂，仲裁服务提供站点私网状态监控功能，对主、备、第三方站点进行周期性的网络连通性检测，并将对应的检测结果通过仲裁节点间通信链路共享给主、备以及第三方站点。当网络出现异常或者站点故障导致仲裁心跳异常时，仲裁服务通过内部算法给出当前网络的最优站点，以实现主备站点的自动倒换。

自动倒换触发条件：主站点发生地震、火灾、停电等灾难性故障，且在设置时间内没有恢复；主备心跳链路中断，且主站点与第三方站点间的仲裁节点间通信链路中断。

NCE 管理域场景和管控析小型化场景：

① 当系统默认设置的关键微服务发生故障时，异地容灾系统将触发自动倒换，保障业务的正常运行；

② 服务器网口故障等导致业务网络（南向或北向网络）发生故障，系统自动触发倒换；

③ 所有数据库实例均发生故障，系统自动触发倒换。

仲裁服务部署：NCE 管理域场景和管控析小型化场景采用 3 节点仲裁服务部署方案。仲裁服务通过 1+1+1 方式部署在 3 个站点。

主站点、备站点分别部署 1 个仲裁节点，管控析小型化场景部署在 Common_Service 节点，管理域场景部署在 NMS_Server 节点。第三方站点部署 1 个仲裁节点。

3 个仲裁节点均部署 ETCD（ETCD 是一个分布式键值存储系统），形成一个 ETCD 集群。主站点和备站点的 2 个节点均部署 Monitor，Monitor 负责站点间网络连通性检测，并将结果保存在 ETCD 集群中。

6.3 NCE-T 的关键特性

6.3.1 光业务发放

光业务发放功能有业务自动发放、业务预约发放、业务带宽预约调整、业务带宽实时调整、时延最优策略。

1. 业务自动发放

业务发放流程如下。

（1）资源发现与更新

NCE 通过 PCEP（路径计算单元通信协议）/OSPF，自动发现 TE 链路资源、节点资源、管道资源、交叉资源。

控制单元根据业务的不同，抽象出不同层次的链路资源（包括一层链路、二层链路、SDH 链路）以及不同层次的交叉资源（包括普通交叉资源、SDH 交叉资源、分组交叉资源）。业务除了关注共同的节点资源、管道资源，还关注不同的链路资源和交叉资源。

（2）业务配置

组网类型为"P2P（点到点）"：将数据从一个源传输到一个接收端的组网类型。

保护等级如下。

永久 1+1：工作路径或保护路径发生故障，即触发重路由，保证始终存在一条工作路径和一条保护路径。

1+1 重路由：工作路径发生故障，则进行保护倒换；工作路径和保护路径都发生故障，则触发重路由。

静态 1+1：工作路径发生故障进行保护倒换，无重路由。

重路由：工作路径发生故障触发重路由，无保护路径。

无保护：无保护机制，无重路由或保护路径。

SDH 承载方式：SDH 自组网、MS-OTN 承载 SDH。

路由策略：无时延约束，最小时延。

（3）业务适配

用户启动"业务发放"应用，选择客户端业务类型，指定业务的源、宿、SLA、策略等参数。

NCE 控制单元进行业务路径计算，并检查服务层管道是否可重用。

NCE 控制单元通过 PCEP 将路径和业务配置信息下发到网元，如果无可用服务层管道，NCE 控制单元驱动网元使用 GMPLS（通用多协议标签交换）协议创建管道。对于电层 GMPLS 组网，在网络已配置好静态 OCh 路径的基础上，NCE 控制单元支持驱动建立动态 ODUk 管道；对于光层 GMPLS 组网，NCE 控制单元支持驱动建立动态 OCh 路径和静态 ODUk 管道。NCE 控制单元驱动源、宿网元配置端口的业务模式，并创建端口到 ODUk 管道的交叉连接，完成客户端业务的配置。

如果业务路径存在 MPLS Tunnel 且剩余带宽满足需求，NCE 控制单元则复用 MPLS Tunnel，否则沿 ODUk 路径创建 MPLS Tunnel。NCE 控制单元驱动业务源、宿节点，配置端口的工作模式，创建 PW 并同步配置 ETH OAM，设置 QoS 参数，完成 E-line 业务的配置。

如果无可用的 VC-4 隧道，NCE 控制单元则驱动网元使用 GMPLS 协议创建 VC-4 隧道。NCE 控制单元驱动源、宿网元配置端口到 VC 隧道的交叉连接，完成 SDH 业务的配置。如果中间有汇聚节点，还需要创建汇聚节点的交叉连接。

（4）路径计算

业务模块向管道服务模块发送路径建立请求。

管道服务模块向算法模块发送计算请求。

算法模块按照业务模块期望的路由策略进行算路。

算法模块通过南向 PCEP/OSPF 链路资源等同步信息，感知全网链路。

计算有 3 个关键步骤：链路可用性校验、链路代价计算、最优路径计算。

算法模块将路径计算结果响应给管道服务模块。

管道服务模块将路径计算结果响应给业务模块。

集中算路：业务收到告警，业务首节点发送路径计算请求至 NCE 控制单元，NCE 控制单元响应结果，首节点根据路径建路。

用户启动"业务发放"应用，则 NCE 控制单元发放业务，在建路时采用集中式算路；在链路故障时，可以使用 NCE 控制单元集中重路由。

集中算路优势：可以综合考虑不同首节点业务，避免资源竞争，保证全局最优；光层批量算法，提升批量重路由算通率；NCE 控制单元光参算法算通率与性能优于设备侧光参算法；路径计算时能够考虑上层业务的诉求；与设备侧协同恢复，提供更高一级的业务保障。

（5）下发与建路

业务模块得到算法计算的路径信息，通过南向接口，用 PCEP 将配置信息下发到首节点进行业务配置。

设备侧 ASON 收到请求后，向首节点下发建路命令。

设备建路完成，由首节点用 PCEP 向 NCE 控制单元回应响应。

2．业务预约发放

针对 L1 业务（Client 业务），用户可以自由设定业务发放和删除时间，在到达指定时间后，系统会自动触发业务带宽生效。

预约发放是为了满足客户业务的定时开通和消除，满足链路资源、端口资源，以及管道的错峰共享的需求。

管道的错峰共享：根据不同客户或部门在时间段内带宽的不同需求，以及同步预约业务的分时共享的特点，进行管道带宽的错峰共享。

3．业务带宽预约调整

当接入数据业务时，如果当前带宽不能满足用户需求，则用户可以实时调整带宽，从而满足自身的需求。当带宽过剩时，用户可以选择将带宽调小，从而达到节省费用的目的。用户可以指定具体时间段调整带宽，可以设置为每天调整，也可以设置为在指定日期临时调整。

4．业务带宽实时调整

用户实时调整业务带宽，NCE 控制单元按照新的带宽下发到设备，调整业务 PW 的 CIR 和 PIR，并联动调整 MPLS–TP Tunnel 的带宽。

用户调整带宽时，如果承载的 ODUk 资源是足够的，则直接调整 PW Shaping，业务不会中断。

当承载的 ODUk 资源不够时，需要新建一个额外的 ODUk/MPLS–TP Tunnel，并将原来的 PW 切换到新的路径上，此时业务会存在中断（10 秒级）。

功能实现（调小带宽）：调小 PW 带宽值，先下发源节点，后下发宿节点；调小 TP Tunnel 带宽值；最小带宽是 1Mbit/s。

功能实现（调大带宽，重用 TP Tunnel）：调大 TP Tunnel 带宽值；调大 PW 带宽值，最大带宽由单板类型决定。调整顺序同调小带宽相反。

功能实现（调大带宽，不重用 TP Tunnel）：新建 TP Tunnel；重绑定 PW 到新 TP Tunnel；切换 ODUk 隧道，删除原 TP Tunnel。调整顺序同调小带宽相反。

5．时延最优策略

基于时延测量结果进行时延最优选路。

6.3.2　生存性分析

生存性分析是指软件在模拟某项网络资源发生故障的时候，自动判断剩余的资源是否满足业务保护的需求，如哪些业务会中断，哪些业务的保护状态会降级，以支撑用户判断业务服务质量是否存在违约风险，提前做好应对措施。

NCE 支持以下几种分析功能：及时分析、资源预警、故障模拟。

1. 生存性分析应用场景

及时分析：NCE 遍历全网站点和光纤资源故障，做 1 ～ 2 次故障分析。

资源预警：定时或资源变化时启动，遍历全网故障点做 1 次分析，可 100% 识别资源风险。

故障模拟：指定 1 ～ 10 故障点做 1 次分析，效率可提升 90%。

2. 生存性分析实现原理

NCE 控制单元支持集中重路由功能。对于具有重路由恢复能力的 GMPLS 业务，当业务的工作路径或者保护路径发生故障时，网元控制平面会自动向 NCE 控制单元请求路径计算，NCE 控制单元根据全网拓扑计算一条最优路径返回给网元，网元则按照最优路径建立恢复路径。

NCE 控制单元利用集中重路由计算能力，实现生存性分析功能。NCE 控制单元通过模拟某项网络资源发生故障（故障点）和分析故障影响的业务，可以根据全网拓扑计算出业务的恢复情况和恢复路径；通过对全网或单个故障点进行分析和统计，实现对全网的网络资源或单个故障点的评估。

6.3.3　OVPN

OVPN 即光网络的虚拟专用网。OVPN 通过对 SDN 的链路资源进行切片，为用户预留指定的链路带宽，从而形成逻辑上相对独立的专用网。

通过 OVPN 功能，运营商可以为大企业客户提供虚拟专用网。大企业客户无须建设自己的物理专用网，即可获得硬管道隔离的高安全性保障，以及 OVPN 资源预留提供的业务可持续发展的保障。同时，运营商通过 OVPN 功能可实现链路带宽灵活销售，提高网络的资源利用率。

1. OVPN 的基本概念

资源切片也就是资源划分，运营商根据 OVPN 用户申请资源情况将网络侧资源划分给不同的 OVPN 用户使用。运营商分配的线路侧资源为 ODUk 资源，最小颗粒为 ODU0。

已经分配给 OVPN 用户的线路侧资源是 OVPN 资源，仅供 OVPN 用户使用。未分配的线路侧资源是共享资源（也称为公网资源），可以分配给其他 OVPN 用户，也可以供不需要 OVPN 功能的业务使用。

资源调整：OVPN 用户按照需求申请资源，当申请的资源与实际使用不匹配时，则对资源进行动态调整。

当对 OVPN 用户的网络资源进行扩容时，需要将共享资源分配给对应的 OVPN 用户。当对 OVPN 用户的网络资源进行缩减时，需要将部分已经分配给 OVPN 用户的资源回收到共享资源中。

2. OVPN 的应用场景

OVPN 功能可以将传送网络虚拟化，提供多样化的带宽服务来改善用户的体验度，从而为运营商带来一种新的商业模式。

OVPN 实现：运营商可以将网络划分为几个虚拟的子网提供给特定的租户使用。

3. OVPN 的实现原理

（1）OVPN 的创建

① 运营商启动"OVPN"App，并按照 OVPN 用户的需求，为用户分配链路资源。

② NCE 通过 PCEP 消息将运营商规划的线路侧资源下发到 WDM 设备上。

③ WDM 设备在对应链路上标识"OVPN"标识，然后通过 OSPF 协议洪泛到整个网络。

④ 运营商收到 OVPN 用户资源调整的需求后，重复①～③步骤，调整 OVPN 用户的网络资源。

（2）OVPN 业务的下发

① 用户启动"光业务发放"App，在指定 OVPN 上发放业务。

② NCE 使用 OVPN 的链路资源进行业务路径计算，并将计算结果下发到 WDM 设备上。

③ WDM 设备上生成对应的 OVPN 业务。

当网络出现故障，OVPN 业务进行重路由时，无论是在设备上进行重路由计算还是在 NCE 进行计算，均会根据业务使用的 OVPN，匹配对应的资源，业务不会重路由到其他 OVPN 的资源或公共资源上。部署在公共资源上的业务也不允许使用 OVPN 资源进行重路由。

本章小结

本章内容首先讲解了 NCE-T 的产品定位、方案架构和部署方案等基础知识，然后对 NCE-T 的功能及其特性进行了详细的介绍。

系统在运行过程中，有可能会面临外部环境、人为误操作或系统自身因素导致的突发故障，对于这些未知风险，NCE 提供了硬件、软件及系统级别的可用性保护方案，用于在发生故障时及时修复，将对系统的损害降至最低。

NCE-T 的关键特性有光业务发放、生存性分析和 OVPN。

光业务发放功能有业务自动发放、业务预约发放、业务带宽预约调整、业务带宽实时调整、时延最优策略。

第7章
下一代传送网技术

本章主要内容

7.1 下一代传送网技术概述

7.2 MS-OTN

7.3 NHP/OSU

随着互联网+、5G、8k、VR 等业务的蓬勃发展，光网络作为带宽流量的最终承载，也变得越来越复杂；传统的光网络，网络部署耗时费力，业务开通慢，亟需持续演进，实现业务快速部署、智慧运维。

7.1　下一代传送网技术概述

华为传送网主要技术的演变过程如图 7-1 所示。

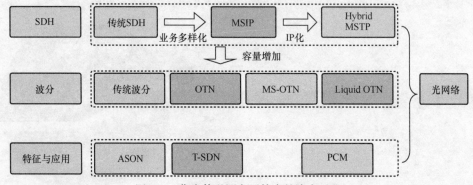

图 7-1　华为传送网主要技术的演变过程

华为传送网设备主要包括 SDH 系列设备与波分系列设备。

SDH 系列设备包括传统 SDH 设备、MSTP 设备以及 Hybrid MSTP 设备。其演变的过程体现了传送网业务多样化、IP 化的发展方向。

波分系列设备包括传统的波分设备、OTN 设备、MS-OTN 设备、Liquid OTN 设备。其演变的过程同样体现了传送网业务多样化、IP 化的发展方向。

从 SDH 系列到波分系列，华为传送网设备因为复用方式的改变，容量大大增加。ASON 与 T-SDN 是传送网的重要特性，体现了传送网络智能化的发展方向。

在电力、铁路等多种低速接入的场景，PCM 有着大量的应用。

在 2021 年华为行业数字化转型大会上，华为首次提出光切片是下一代光传送网的核心技术。搭载 Liquid OTN 光切片技术的光传送平台能支持生产网中以太端口的业务承载，并且可提供基于物理隔离的确定性体验。

7.2　MS-OTN

7.2.1　MS-OTN 原理

MS-OTN 融合了 OTN、TDM 和分组（PKT）3 个平面的技术，使 L0、L1、L2 协同工

作，可完全满足带宽、品质与成本方面的综合要求。

MS-OTN 支持包交换技术，支持 OTN、PKT、SDH 多种规格传输，可简化网络结构。

MS-OTN=SDH+PTN+OTN。

MS-OTN 系统架构如图 7-2 所示。

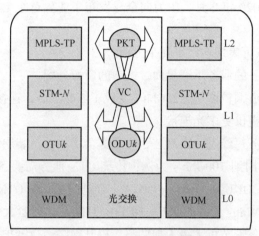

图 7-2　MS-OTN 系统架构

MS-OTN 融合了 L0、L1、L2 多平面架构，能够实现高效传送。其中 L2 层实现基于以太网/MPLS-TP 的交换，L1 层实现基于 ODUk/VC 的交换，L0 层实现基于 λ 的交换。

OTN 分组设备同时融合了 L0、L1、L2 技术平面，以及模块化设计，设备可以组合成单一的 OTN 形态设备、单一的分组形态设备以及混合设备，灵活满足实际业务承载。OTN 分组设备支持 WDM，支持 40Gbit/s/100Gbit/s 容量，可满足带宽增长的需求。OTN 分组设备支持 OTN 平面，可满足现网平滑升级过渡。OTN 设备同时提供 L0/L1/L2 构建更简便可靠的网络。OTN 分组设备可根据业务流量特征，选择 L2 分组收敛，满足高带宽利用要求；选择 L1 固定管道，满足高安全传送要求；选择 L0 波长，满足大带宽要求。

MS-OTN 构建灵活、易扩展可体现在以下几个方面。

① 提供全颗粒管道：L0 管道（波长 λ，速率可为 10Gbit/s/40Gbit/s/100Gbit/s）；L1 管道（VC-n/ODUk）；L2 管道（任意带宽 PW/LSP 管道）。

② 提供刚柔并济管道：刚性管道（λ+ODU+VC），高可靠，高安全保证；弹性管道 PW/LSP，带宽可配，动态调整带宽，规划灵活，成本低。

③ 网络灵活规划：分组 L2 弹性管道带宽可配、可调；网络业务拓扑支持 P2P、P2MP、MP2MP 可选。

④ 网络易扩展：模块化设计和集中调度，业务方向无阻塞，任意调度。

⑤ 业务高效率传送：分组实现 E1/FE/GE 低速业务整合，多业务共享管道，可提高带宽利用率；10Gbit/s/100Gbit/s 高速业务由 L0 高效转发，低时延，高可靠传送。

⑥ SDH 平滑演进：平滑继承 SDH 传统业务。

OTN，包括 MS-OTN，在综合业务承载中，具有大带宽、业务隔离、时延确定、多业务承载等优势。但 MS-OTN 也存在着诸多不足：管道弹性不足，最小管道为 ODU0，连接数少；资源利用率不高，如 100Mbit/s 映射到 ODU0，利用率为 10%；时延不够低，多级封装映射，时延体现无差异；带宽调整不灵活。

针对以上不足，2020 年 2 月，华为向全球发布了业界首个 Liquid OTN 光传送解决方案。

Liquid OTN 的优点可表现在以下几个方面。

① 极简架构：统一的业务承载界面，统一的资源分配。

② 泛在连接：管道颗粒度从 1.25Gbit/s 变成了 2.4Mbit/s，连接数大大增加；单纤可提供 12 万个硬切片，提供更多光连接。

③ 超低时延：业务每经过一次封装，时延都会增加，封装层级越多则时延值越大；以 2Mbit/s 业务封装复用到 100Gbit/s 为例：传统 OTN 业务需要 5 层封装复用（2Mbit/s 业务—VC-12—VC-4—ODU0—ODU4—OUT4）；而通过 Liquid OTN 技术，2Mbit/s 业务只需要 3 层封装复用（2Mbit/s 业务—OSU—ODU4—OTU4），时延大大降低。

④ 灵活高效：业务带宽可无级无损调整，提升网络运行维护效率。

7.2.2 统一线卡介绍

大容量线卡是 MS-OTN 的管道带宽资源池，不管传送何种业务，都需要占用一定的管道带宽。统一线卡如图 7-3 所示。

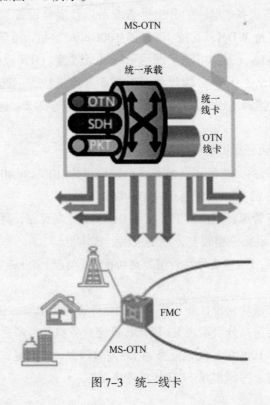

图 7-3 统一线卡

在华为 OptiX OSN 9800 U 系列单板中，OptiX OSN 9800 U64 统一线卡单板有：

- TNU1U401、TNU2U401 和 TNV2U401 为 1×100Gbit/s 统一线卡（OTN& Packet）；
- TNU3U401 为 1×100Gbit/s 统一线卡（OTN&SDH&Packet）。

7.3 NHP/OSU

7.3.1 NHP/OSU 技术介绍

NHP（原生硬管道）技术是生产网络建设的主流方案。NHP 技术源自协议底层，为数据传输提供了原生的硬管道，从而保障传输过程的安全可靠。NHP 技术从诞生至今，经历了五代的发展，即载波通信、PDH、SDH、OTN、OSU（光业务单元）。华为基于第五代 NHP 技术——OSU，打造了端到端的 NHP 网络解决方案。NHP 全光架构通过 OSU 贯通了传输网和接入网，未来工业生产不再需要多张网络分别承载不同的业务来保证业务安全，一张全光网络就可以统一承载所有业务，在精简了网络架构的同时，提升了网络可靠性。华为 NHP 光通信解决方案，采用 SDH+OSU 融合技术，在完全兼容 SDH 的基础上，兼顾 OTN 超大带宽的能力，具备高安全、高可靠、超大带宽等特点，同时 OSU 支持 2Mbit/s～100Gbit/s 带宽无损调整，可平滑升级到 100Gbit/s 以上带宽，能够助力用户打造面向未来的行业生产网。

华为 NHP 光通信解决方案的主要技术 OSU 与 PDH、SDH 都是同源的硬管道技术。NHP 通过将 OSU 技术从广域网延伸到接入网，构建一张支持端到端硬管道隔离的极简光网络。OSU 作为第五代原生硬管道技术，具备将不同业务物理隔离的天然属性。

华为端到端 OSU 产品可实现从骨干层到接入层的端到端 OSU 原生硬管道打通，并可通过 iMaster NCE 平台实现整网 OSU 的统一部署和管理。

7.3.2 NHP/OSU 帧结构

1. OSUflex 映射

OSU 新增 OSUflex 容器，其采用定长帧灵活复接，将 ODU 划分成更小的带宽颗粒。OSUflex 映射定义面向业务的灵活容器标准 OSU，最小带宽可达 2Mbit/s，满足绝大多数业务接入的要求；定义 OSU 承载在 ODUflex 上的方式，与现网 OTN 能够共存和互通；定义 OSU 承载在 ODUCn 上的方式。OSUflex 映射如图 7-4 所示。

2. OSUflex 帧结构

OPUk 净荷区域被划分为多个净荷块（PB），如图 7-5 所示。

OSUflex 采用定长帧结构，帧长 192 字节，其中包括开销（OverHead）和净荷区域（Payload）。

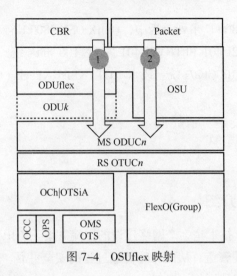

图 7-4　OSUflex 映射

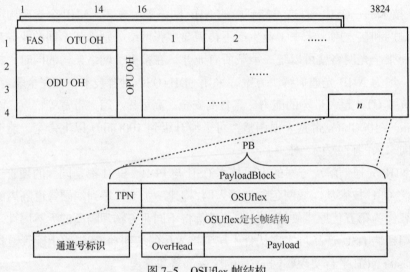

图 7-5　OSUflex 帧结构

灵活时隙复接，ODU 被 OSUflex 容器划分成更小的带宽颗粒。多路 OSUflex 复接到 OPUk 时，每路 OSUflex 增加索引编号作为在服务层中的唯一通道标识。

Liquid OTN 在复接映射路径上做了优化，OSU 直接映射到高阶管道上，能够匹配不同业务带宽的需求。

7.3.3　NHP/OSU 技术的开销

1. FAS

帧对齐信号用于信号帧对齐，由 6 个字节组成：OA1 OA1 OA1 OA2 OA2 OA2，OA1 固定为 "1111 0110"，OA2 固定为 "00101000"。

设备支持 FAS 检测和插入处理，当检测到 FAS 异常时，上报 OTUk_LOF 或 ODUk_LOFLOM 告警。

2. OTU 开销

OTU 开销主要有：OTUk 段监视开销（SM）和 OTUk 通用通信通道（GCC）/保留字节（RES），具体描述详见第 3 章。

3. ODU 开销

ODUk 通道监视开销（PM）：支持通道监视，这几部分的定义和作用与 OTUk 段监视开销（SM）中的相应部分相同，只是监控级别不同，另外 BEI 字段不同时具备 SM 中的 BIAE 开销功能。

ODUk 串联连接监视开销的具体描述详见第 3 章。

ODUk 其他开销：APS/PCC/FTFL/EXP/GCC1/GCC2。

① APS/PCC：自动保护倒换/保护通信控制通道，提供保护倒换的信息传递，暂未使用。

② FTFL：故障类型和故障位置上报通道，提供信号失效、信号劣化状态查询，提供 256 字节的故障类型和故障定位信息。

③ EXP：实验通道，用于实验。

④ GCC1/GCC2：通用通信通道。

4. OPU 开销

PSI：净荷结构标识符，标识不同的 OPUk 信号组成，不同的取值表示不同的净荷类型。

OPUk 净荷类型（PT）的具体描述详见第 3 章。

7.3.4 NHP/OSU 技术的应用

华为端到端 OSU 产品组合包含升级的 OptiXtrans E9600/E6600 系列、OptiXaccess EA5800 系列，以及工业级 CPE 设备 OptiXstar E810，华为的上述 OSU 设备为业务提供从骨干层到接入层的 OSU 原生硬管道隔离，并能实现从骨干层到接入层的端到端 OSU 原生硬管道打通。华为 NHP 解决方案在能源、交通等行业得到广泛认可。

华为 OptiXtrans E9600 是面向企业骨干传送网的大容量、智能化增强型光电融合 MS-OTN 产品。该系列产品采用新一代 T 级交叉平台，可灵活处理 OTN/VC/PKT 各类型颗粒交换，同时具备平滑演进到 OSU OTN 的能力。单波长具有 100Gbit/s ~ 800Gbit/s 超高速率，支持 100Mbit/s ~ 400Gbit/s 任意业务接入，带宽 2Mbit/s ~ 100Gbit/s 按需无损调整，可满足不同场景承载需求。

Super C+Super L 新光层，支持单纤 240 波，每波 50GHz，96Tbit/s 超大带宽。大小槽位，灵活、按需部署，节省机房空间；支持 1588v2/同步以太网和 ASON，具有丰富的管理和保护等功能，可为客户提供超宽、灵活、弹性、智能的传送解决方案。

业务场景也可以是国家、省（自治区、直辖市）、市（自治州、区、盟）骨干网络互联，从而打造大带宽、广覆盖、高可靠的国家基础光纤网络，实现偏远覆盖，泛在连接，弥合数字鸿沟，为千行百业提供基础网络连接，提高城市治理水平，提升公共服务效率，促进国家经济与民生发展。

本章小结

本章介绍了华为下一代传送网技术，其中包括光传送技术的演变，OTN、MS-OTN、Liquid OTN 技术，以及华为 NHP/OSU 技术的应用方案。

技术的演变体现了传送网业务多样化、IP 化的发展方向以及传送网络智能化的发展方向。

OTN，包括 MS-OTN，在综合业务承载中，具有诸多优势，但也存在着不足，针对不足，华为于 2020 年首次提出了 Liquid OTN 的解决方案。

华为打造了端到端 NHP 网络解决方案，推出了从骨干网到接入网的端到端的 OSU 产品组合。

第8章
时钟同步

本章主要内容

数字网中要解决的首要问题是网络同步问题，因为要保证发端在发送数字脉冲信号时将脉冲放在特定时间位置上（即特定的时隙中），而收端要能在特定的时间位置处将该脉冲提取解读以保证收发两端的正常通信，而这种保证收发两端能正确地在某一特定时间位置上提取/发送信息的功能则是由收发两端的定时时钟来实现的。因此，网络同步的目的是使网络中各节点的时钟频率和相位都限制在预先确定的容差范围内，以免数字传输系统中收发定位不准确而导致传输性能劣化（误码、抖动）。

8.1　同步方式

解决数字网同步有两种方法：伪同步和主从同步。伪同步是指数字交换网中各数字交换局在时钟上相互独立，毫无关联，而各数字交换局的时钟都具有极高的精度和稳定度，一般用铯原子钟。由于时钟精度高，网内各局的时钟虽不完全相同（频率和相位），但误差很小，接近同步，于是称之为伪同步。主从同步指网内设一时钟主局，配有高精度时钟，网内各局均受控于该全局（即跟踪主局时钟，以主局时钟为定时基准），并且逐级下控，直到网络中的末端网元——终端局。

一般伪同步方式用于国际数字网中，也就是一个国家/地区与另一个国家/地区的数字网之间采取这样的同步方式，例如，中国和美国的国际局均各有一个铯时钟，两者采用伪同步方式。主从同步方式一般用于一个国家/地区内部的数字网，它的特点是国家或地区只有一个主局时钟，网上其他网元均以此主局时钟为基准进行本网元的定时。主从同步和伪同步的原理如图 8-1 所示。

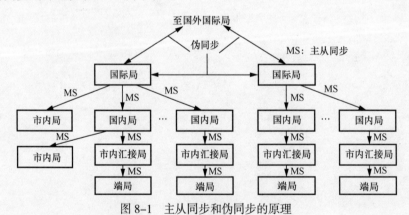

图 8-1　主从同步和伪同步的原理

为了提高主从定时系统的可靠性，可在网内设一个副时钟，采用等级主从控制方式。两个时钟均采用铯时钟，在正常时主时钟起网络定时基准作用，副时钟也以主时钟的时钟为基准。当主时钟发生故障时，改由副时钟给网络提供基准定时，当主时钟恢复后，再切换回由主时钟提供基准定时。

我国采用的同步方式是等级主从同步方式，其中主时钟在北京，副时钟在武汉。在采用主从同步方式时，上一级网元的定时信号通过一定的路由（同步链路或附在线路信号上）从传输线路传输到下一级网元。该级网元提取此时钟信号，通过本身的锁相振荡器跟踪锁定此时钟，并产生以此时钟为基准的本网元所用的本地时钟信号，同时通过同步链路或传输线路（将时钟信息附在线路信号上传输）向下级网元传输，供其跟踪、锁定。若本站收不到从上一级网元传来的基准时钟，那么本网元通过本身的内置锁相振荡器提供本网元使用的本地时钟并向下一级网元传送时钟信号。

8.2　同步网时钟工作模式

在主从同步的数字网中，从站（下级站）的时钟通常有 3 种工作模式。

1. 正常工作模式——跟踪锁定上级时钟模式

在正常模式下，从站跟踪锁定的时钟基准是从上一级站传来的，可能是网络中的主时钟，也可能是上一级网元内置时钟源下发的时钟，也可能是本地区的 GPS（全球定位系统）时钟。

与从时钟工作的其他两种模式相比较，此种从时钟的工作模式精度最高。

2. 保持模式

当所有定时基准丢失后，从时钟进入保持模式，此时从站时钟源利用定时基准信号丢失前所存储的最后频率信息作为其定时基准而工作。也就是说，从时钟有"记忆"功能，通过"记忆"功能提供与原定时基准较相符的定时信号，以保证从时钟频率在长时间内与基准频率只有很小的频率偏差。但是由于振荡器的固有振荡频率会慢慢地漂移，故此种工作方式提供的较高精度时钟不能持续很久。此种工作模式的时钟精度仅次于正常工作模式的时钟精度。

3. 自由运行模式——自由振荡模式

当从时钟丢失所有外部基准定时，也失去了定时基准记忆或处于保持模式太长时，从时钟内部振荡器就会工作于自由振荡模式。

此种模式的时钟精度最低，实属万不得已而为之。

8.3　SDH 网络的同步方式

8.3.1　SDH 网络的同步原则

我国数字同步网采用分级的主从同步方式，即用单一基准时钟经同步分配网的同步链路控制全网同步，网络中使用一系列分级时钟，每一级时钟都与上一级时钟或同一级时钟同步。

SDH 网络的主从同步时钟可按精度分为 4 个类型（级别），分别对应不同的使用范围：作为全网定时基准的主时钟；作为转接局的从时钟；作为端局（本地局）的从时钟；作为 SDH 设备的时钟（即 SDH 设备的内置时钟）。ITU–T 对各级别时钟进行了规范（对各级时钟精度进行了规范），时钟质量级别由高到低分别如下。

基准主时钟——满足 G.811 标准。

转接局时钟——满足 G.812 标准。

端局时钟——满足 G.812 标准。

SDH 设备时钟——满足 G.813 标准。

在正常工作模式下，传到相应局的各类时钟的性能主要取决于同步传输链路的性能和定时提取电路的性能。在网元工作于保持模式或自由运行模式时，网元所使用的各类时钟的性能，主要取决于产生各类时钟的时钟源的性能（时钟源位于相应的不同的网元节点处），因此高级别的时钟必须采用高性能的时钟源。

在数字网中传送时钟基准应注意如下几个问题：

① 在同步时钟传送时不应存在环路；

② 尽量减少定时传递链路的长度，避免由于链路太长影响传输的时钟信号的质量；

③ 从站时钟要从高一级设备或同一级设备获得基准；

④ 应从分散路由获得主备用时钟基准，以防止主用时钟传递链路中断而导致时钟基准丢失的情况；

⑤ 选择可用性高的传输系统来传递时钟基准。

8.3.2   SDH 网元时钟源的种类

外部时钟源——由 SETPI 功能块提供输入接口。

线路时钟源——由 SPI 功能块从 STM–N 线路信号中提取。

支路时钟源——由 PPI 功能块从 PDH 支路信号中提取，但其精度不高，一般不采用。

设备内置时钟源——由 SETS 功能块提供。

在 SDH 光同步传输系统中，S1 字节用于传输时钟源的质量和使用信息。利用该字节信息，同步定时单元可完成时钟源的自动倒换保护功能。S1（b5 ~ b8）字节信息编码见表 8–1。

表 8–1   同步状态信息编码

S1（b5 ~ b8）字节	SDH 同步质量等级描述
0000	同步质量不可知（现存同步网）
0001	保留
0010	G.811 时钟信号
0011	保留
0100	G.812 转接局时钟信号

S1（b5～b8）字节	SDH 同步质量等级描述
0101	保留
0110	保留
0111	保留
1000	G.812 本地局时钟信号
1001	保留
1010	保留
1011	同步设备定时源信号
1100	保留
1101	保留
1110	保留
1111	不应用作同步

8.3.3 SDH 网络常见的定时方式

SDH 网络是整个数字网的一部分，它的定时基准应是这个数字网的统一的定时基准。通常，某一地区的 SDH 网络以该地区高级别局的转接时钟为基准定时源，这个基准时钟可能是该局跟踪的网络主时钟、GPS 提供的地区时钟基准（LPR）或是本局的内置时钟源提供的时钟（保持模式或自由运行模式）。

在 SDH 网络中设置一个 SDH 网元时钟主站，该主站一般设在本地区时钟级别较高的局，SDH 主站所用的时钟就是该转接局时钟。SDH 网上其他网元的时钟以此网元时钟为基准，即其他网元跟踪该主站网元的时钟。设备逻辑组成中有 SETPI 功能块，该功能块的作用就是提供设备时钟的输入/输出口。主站 SDH 网元的 SETS 功能块通过该时钟输入口提取转接局时钟，以此作为本站和 SDH 网络的定时基准。若局时钟不从 SETPI 功能块提供的时钟输入口输入 SDH 主站网元，那么此 SDH 网元可从本局上/下的 PDH 业务中提取时钟信息（依靠 PPI 功能块的功能）作为本 SDH 网络的定时基准。

SDH 网络上其他 SDH 网元跟踪这个主站 SDH 网络时钟最常用的方法是将该 SDH 主站的时钟放在 SDH 网络上传输的 STM-N 信号中，其他 SDH 网元通过设备的 SPI 功能块提取 STM-N 信号中的时钟信息，并进行跟踪锁定，这与主从同步方式相一致。

1. 链形网的时钟跟踪方式

如图 8-2 所示，B 站为此 SDH 网络的时钟主站，B 网元的外时钟（局时钟）作为本站和此 SDH 网络的定时基准。在 B 网元将业务复用进 STM-N 帧时，时钟信息就自然而然地附在 STM-N 信号上了。

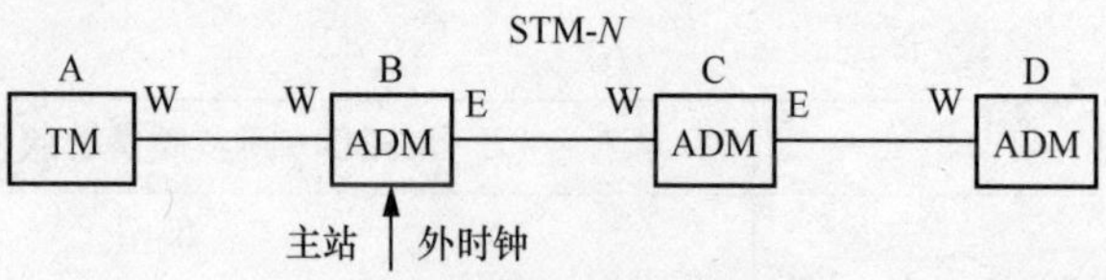

STM-N

A W W B E W C E W D
TM ━━ ━━ ADM ━━━ ADM ━━━ ADM

主站 ↑ 外时钟

图 8-2　链形网时钟跟踪

这时，A 网元的定时时钟可从线路 W 侧端口的接收信号 STM-N 中提取（通过 SPI），以此作为本网元的本地时钟。同理，网元 C 可从 W 侧线路端口的接收信号提取 B 网元的时钟信息，以此作为本网元的本地时钟，同时将时钟信息附在 STM-N 信号上往下级网元传输；D 网元通过从 W 侧线路端口的接收信号 STM-N 中提取的时钟信息完成与主站网元 B 的同步。这样就通过一级一级的主从同步方式，实现了此 SDH 网络的所有网元的同步。

当从站网元 A、C、D 丢失从上级网元来的时钟基准后，进入保持工作模式，经过一段时间后进入自由运行模式，此时网络上网元的时钟性能劣化。

2. 环形网同步时钟设置方式

以图 8-3 环形网为例进行说明，A 站为此 SDH 网络的时钟主站，A 网元的外时钟（局时钟）作为本站和此 SDH 网络的定时基准。在 A 网元将业务复用进 STM-N 帧时，时钟信息也就自然而然地附在 STM-N 信号上了。这时，C 网元的定时时钟可从线路 W 侧端口的接收信号 STM-N 中提取（通过 SPI），以此作为本网元的本地时钟。B 网元通过从 E 侧线路端口的接收信号 STM-N 中提取的时钟信息完成与主站网元 A 的同步。

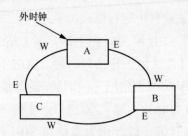

图 8-3　环形网同步时钟设置

时钟设置时，不能成环。时钟成环，即如果一个子网上有多个网元的当前时钟源首尾相连，则这些网元的当前时钟源成环，时钟源成环会造成子网上的信号劣化。网元一般从上级或同级网元中获取时钟。

8.4　OTN 的同步方式

1. 时钟同步的分类

时钟同步包括两部分：频率同步和相位同步。

频率同步是指信号之间的频率或相位上保持某种严格的特定关系，信号在其相对应的有效瞬间以同一平均速率出现，使通信网络中所有的设备以相同的速率运行，即信号之间保持恒定相位差。图 8-4 呈现了频率同步的两个时钟之间的关系：时钟频率相同，时钟脉冲的相位可能不相同。

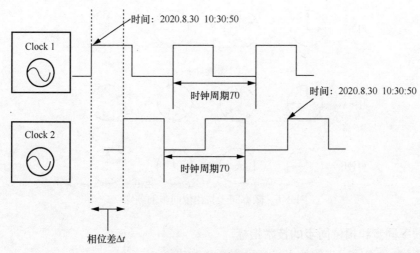

图 8-4　频率同步

相位同步是指信号之间的频率和相位都保持一致，即信号之间相位差恒定为零。图 8-5 呈现了相位同步的两个时钟之间的关系：时钟频率相同，时钟脉冲的相位相同。

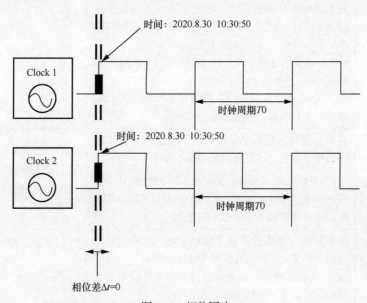

图 8-5　相位同步

2. 频率同步与相位同步的差别

如图 8-6 所示的时钟 A 与时钟 B，如果两者的时间不一样，但保持一个恒定的差值（如 6h），那么这种状态称为频率同步。如果两者每时每刻的时间都保持一致，这种状态称为相位同步。

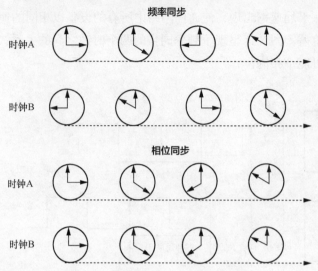

图 8-6　频率同步与相位同步的差别

3. 频率同步和相位同步的技术指标

频率同步和相位同步的技术指标见表 8-2 和表 8-3。

表 8-2　频率同步的技术指标

指标名称	定义	常用度量单位
频率准确度	频率准确度是用来说明实际频率值与理想频率值的偏离或符合程度，频率准确度通常用来表明时钟在自由运行模式下的准确程度； 频率准确度的计算公式为：（实际频率-标称频率）/标称频率； OSN 系列波分设备的自由振荡频率准确度的长期指标为 ±4.6ppm，短期指标是 ±1ppm	ppm（1×10^{-6}，百万分之一）
抖动	抖动是指时钟或数字信号相对于理想信号的较快速的相位变化，其变化的频率大于等于 10Hz； 不同的接口，对抖动指标的要求不同，例如 2Mbit/s、STM-N 接口的抖动指标可参见 G.813 标准，OTUk 接口的抖动指标可参见 G.8251 标准	绝对时间度量单位：ns、ps； 相对时间度量单位：UI（UI 是单位时间间隔，即一个时钟周期）
漂移	漂移是指时钟或数字信号相对于理想信号的较慢速的相位变化，其变化的频率小于 10Hz； OSN 系列波分设备的系统时钟在锁定情况下的漂移指标满足 G.813 标准的要求	μs、ns

表 8-3　相位同步的技术指标

指标名称	定义	常用度量单位
时间同步精度	时间同步精度是时间信号有效瞬间相对于其代表的时间之间的差值	ns、μs、ms

4. 精密时钟同步协议标准

IEEE 1588v2 是测量和控制系统网络的精密时钟同步协议标准，该标准定义了精密时间协议（PTP），通过 PTP 精确地把测量与控制系统中分散、独立运行的频率进行同步，相位同步精度可以达到纳秒级。

IEEE 1588v2 协议主要用于相位同步，也可以用于频率同步。

IEEE 1588v2 只需要提供主备两个时钟就可以提供全网的相位同步，因此每个站点就不需要配置 GPS 授时设备，从而节省了成本。

IEEE 1588v2 的可靠性高，时钟源支持 GPS/北斗等多种时钟源，解除了对单一时钟源的依赖。

5. 物理层时钟同步

物理层时钟同步是指直接从物理信号中恢复时钟频率的方法。

物理层同步的目的是使上下游的设备实现频率同步，保证业务的正常传送。

当 OTN 传送时钟同步信号时，SDH 和 PTN 可以从 OTN 中获取时钟信号，每个区域网络不需要单独提供 BITS 时钟源，就可以实现时钟同步。

SDH 属于同步系统，对时钟同步要求较高，在配置业务和特性前，需要先完成 SDH 时钟的配置。

6. 同步的实现方法

（1）频率同步的实现方式

频率同步的实现方式包括以下两种：通过物理层时钟实现频率同步；通过 IEEE 1588v2 的 Sync 报文的收发时间戳信息实现频率同步。

物理层同步不占用业务带宽，不受 PDV（包时延变化）等网络因素影响，但是必须要求设备硬件支持物理层时钟的提取，因此要求网络上每个节点都必须支持物理层时钟，才能实现整网的频率同步。

IEEE 1588v2 频率同步是一种频率的估计与校正方式，同步精度可达到和物理层时钟同步相近的性能。

（2）相位同步的实现方式

相位同步包括以下两种实现方式。

① IEEE 1588v2 报文频率同步+IEEE 1588v2 报文相位同步实现相位传送。

IEEE 1588v2 报文实现频率同步：通过 $t1$、$t2$ 的偏差来调整时钟板的时钟频率，达到网元间频率同步的要求。

IEEE 1588v2 报文实现相位同步：时钟板收集 $t1$、$t2$、$t3$、$t4$ 时钟戳并计算 offset 和 delay，达到时间同步校准。

② 物理层时钟频率同步+IEEE 1588v2 报文相位同步实现相位传送。

物理层时钟实现频率同步：采用业务信号恢复时钟或 2Mbit/s 外时钟实现频率同步。

IEEE 1588v2 报文实现相位同步：时钟板收集 $t1$、$t2$、$t3$、$t4$ 时钟戳并计算 offset 和 delay，达到时间同步校准。

7. OTN 传送频率同步

OTN 传送频率同步主要采用网同步方式和业务透传方式。网同步方式与 SDH 传送频率同步类似。

在 OTN 开销字节中，第 1 行第 13 ~ 14 列，原为 RES 字节，最新定义为 OSMC（OTN同步信息通道）和 RES 字节，分别占用 1 个字节,如图 8-7 所示。

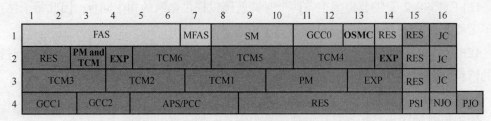

图 8-7　OTN 开销字节

为了实现同步，OTU 开销中定义了一个字节作为 OSMC 在 SOTU 和 MOTU 接口中传送 SSM、eSSM 和 PTP 消息。

业务透传方式则是采用 BMP、GMP、GFP-F 等技术。

本章小结

本章介绍了时钟同步的概念，主要介绍 SDH 网络的同步方式、SDH 时钟等级和 SDH时钟源的种类，以及说明同步网时钟的设置方式。

同时，本章也对频率同步和相位同步的概念进行了详细介绍，并对比了频率同步和相位同步的区别，讲解了频率同步和相位同步的常用技术指标及实现方法。